BERND SCHWARZE

Auszahlungsaufteilungsverhalten in Apex-Spielen und Versteigerung der Spielerrollen

Volkswirtschaftliche Schriften

Herausgegeben von Prof. Dr. Dr. h. c. J. Broermann, Berlin

Heft 331

Auszahlungsaufteilungsverhalten in Apex-Spielen und Versteigerung der Spielerrollen

Eine spieltheoretische und experimentelle Analyse

Von

Bernd Schwarze

DUNCKER & HUMBLOT / BERLIN

CIP-Kurztitelaufnahme der Deutschen Bibliothek

Schwarze, Bernd:
Auszahlungsaufteilungsverhalten in Apex-Spielen und Versteigerung der Spielerrollen : e. spieltheoret. u. experimentelle Analyse / von Bernd Schwarze. — Berlin : Duncker und Humblot, 1983.
(Volkswirtschaftliche Schriften ; H. 331)
ISBN 3-428-05368-0
NE: GT

Gedruckt 1983 bei Werner Hildebrand, Berlin 65
Printed in Germany

ISBN 3 428 05368 0

Inhaltsverzeichnis

1. Einführung

1.1. Zielsetzung

Die vorgelegte Arbeit befaßt sich mit der a priori-Bewertung von Rollen in einem kooperativen Verhandlungsspiel, dem sogenannten Apex-Spiel. Diese Untersuchung soll und kann dabei nur ein erster Teil einer größer angelegten Exploration der Vorab-Bewertung von Positionen durch potentielle Inhaber sein. In der Praxis können solche Positionen zum Beispiel Unternehmenskauf oder -beteiligung sein, sie können Terminmärkte oder auch die Abtretung von Rechtsansprüchen umfassen oder auch Verhandlungspositionen meinen.

Im Rahmen dieses allerersten Schrittes muß daher das Instrumentarium zur Datenerhebung vorgestellt und vor allem seine Güte kritisch beleuchtet werden. Des weiteren soll überprüft werden, inwieweit Zusammenhänge zwischen den Ergebnissen der Vorab-Bewertungen und den Lösungen bestehen, die die Theorie, hier die Theorie der kooperativen Spiele mit Seitenzahlungen, liefert. Das Darstellen dieser Theorielösungen zeigt gleichzeitig sehr eindrucksvoll, mit welch verschiedenen Vorstellungen eine solche Verhandlung von den Teilnehmern angegangen werden kann.

Natürlich sind die Bewertungsergebnisse auch mit tatsächlichen Verhandlungsresultaten zu vergleichen. Im Vordergrund steht hierbei die Frage, ob diese im Rahmen dieser Arbeit erhobenen Daten die Verhandlungsergebnisse erklären oder prognostizieren können.

Ein weiterer Ansatzpunkt der Analyse ist der Versuch, die Anspruchsniveaus, mit denen die Teilnehmer in die Verhandlung gehen, zu erforschen. Diese Anspruchsniveaus sind als Mindestgewinnansprüche der Spieler zu verstehen, und es soll versucht werden, diese einmal aus den Vorab-Bewertungen selbst, zum anderen aus dem Vergleich mit den Ergebnissen der durchgeführten Verhandlungen zu ermitteln.

1.2. Vorgehensweise

Im folgenden, zweiten Abschnitt werden die theoretischen Fundamente gelegt. Nach einem kurzen Abriß über die Spiele in charakteristischer Funktionsform wird das Apex-Spiel beschrieben und als charakteristisches Funktionsspiel definiert. Anschließend werden verschiedene Lösungsansätze für kooperative Spiele mit Seitenzahlungen definiert und, falls sie existieren, ihre Lösungen für das Apex-Spiel abgeleitet.

Die Vorab-Bewertungen werden durch Versteigerung der verschiedenen Spielerpositionen des Apex-Spiels gewonnen. Folglich wird anschließend ebenfalls im zweiten Abschnitt die hierzu verwendete Zweithöchstpreisauktion beschrieben und das normativ beste Verhalten der Bieter hierin bestimmt.

Der dritte Abschnitt ist den Experimenten gewidmet, die sich mit der Durchführung der Apex-Verhandlung und dem Test des optimalen Verhaltens in Zweithöchstpreisauktionen befassen. Die von anderen Autoren früher erhobenen Verhandlungsresultate sollen als Vergleichsmaßstab für die Vorab-Bewertungen dienen.

Die früher durchgeführten Zweithöchstpreisauktionen tragen unmittelbar und bestimmend bei zum Ablauf der Experimente zur a priori-Bewertung, indem durch sie geklärt wird, ob man davon ausgehen kann, daß die Spieler sich als Bieter optimal verhalten, oder ob es vorteilhafter wäre, ihnen das optimale Verhalten zu erklären.

Der vierte Abschnitt befaßt sich mit den im Rahmen dieser Arbeit durchgeführten Experimenten. Nach einer ausführlichen Darstellung und Rechtfertigung des gewählten Experimentaufbaus folgt die Beschreibung, Zusammenfassung und statistische Analyse der erhobenen Daten.

Der fünfte Abschnitt deckt die Zusammenhänge und Diskrepanzen auf zwischen den in Abschnitt 4 wiedergegebenen Daten und einerseits den Verhandlungsergebnissen, wie sie in Abschnitt 3 dargestellt und besprochen wurden, bzw. andererseits den theoretischen Lösungen aus Abschnitt 2.

Man kann sich durchaus auch einen anderen Aufbau dieser Arbeit vorstellen. Der Vorteil der letztendlich gewählten Gliederung liegt in ihrer strengen Trennung des spieltheoretischen Teils, der Experimente, die hier referiert werden, und der Versuche, die für diese Arbeit durchgeführt wurden.

Die für diese Arbeit durchgeführten und hier beschriebenen Experimente und insbesondere auch die Pilotstudien, auf die hier gar nicht explizit eingegangen wird, deren Erkenntnisse aber vielfach das schließlich gewählte Experimentdesign bestimmten, bedingten als Anreiz für die Teilnehmer Geldauszahlungen. Die hierfür nötige Summe wurde freundlicherweise vom

Verein der Freunde und Förderer
der Universität zu Köln e. V.

zur Verfügung gestellt. Dafür sei auf diesem Wege gedankt.

2. Apex-Spiel und Vickrey-Auktion Die theoretische Analyse

2.1. Zum Konzept der Spiele in charakteristischer Funktionsform mit Seitenzahlungen

2.1.1. Definition und ausgewählte Eigenschaften

Die nichtkooperative Spieltheorie befaßt sich mit der Analyse von Strategien in einem Spiel und hierin vor allem mit der Auswahl von optimalen Strategien für Entscheidungen in Konfliktsituationen. Grundproblem ist die Definition individueller Rationalität in Konfliktsituationen als Konzept, aus der sich das optimale Entscheidungsverhalten ableiten läßt.

Kooperative Spiele unterscheiden sich von nicht-kooperativen Spielen zunächst einmal durch die Möglichkeit der Spieler, sich mittels bindender Verhaltensabsprachen zu Koalitionen zusammenzuschließen. Daraus ergibt sich, daß bei kooperativen Spielen der Begriff der kollektiven Rationalität den Aspekt der individuellen Rationalität in den Hintergrund drängt.

Ebenfalls im Gegensatz zu nichtkooperativen Spielen richtet sich die Analyse kooperativer Spiele vorwiegend auf das Ergebnis des Spiels, während die Frage nach optimalen Strategien zurücktritt. Die kooperative Spieltheorie wird somit zur Theorie über Ergebnisse der Konfliktlösung, die in gewisser Weise ebenfalls bestimmte Optimalitätsbedingungen erfüllen sollen [1].

Ein kooperatives Spiel G mit Seitenzahlungen wird beschrieben durch die Spezifizierung der Spielermenge N und durch die Angabe, welche Auszahlung jede Koalition $S \subseteq N$ mindestens erhalten kann. Da diese Auszahlung der Koalition S in irgendeiner Weise unter den Mitgliedern von S aufgeteilt wird, bedingt das Konzept der kooperativen Spiele mit Seitenzahlungen interpersonelle Nutzenvergleiche. Es liegt ihm die Vorstellung zugrunde, Nutzen summenneutral zwischen den Mitgliedern einer Koalition transferieren zu können [2].

---

1 Vgl. Rapoport, An.: Mathematische Methoden in den Sozialwissenschaften, Würzburg/Wien 1980, S. 247.

2 Die zugrundegelegten von Neumann-Morgenstern-Nutzenfunktionen müssen über einen additiven Term verfügen, der linear von der Menge des transferierbaren Gutes abhängt.

Definition 2.1:

In einem n-Personen-Spiel heißt $N = \{1, 2, \ldots, n\}$ die Menge der *Spieler*. Jede nicht-leere Teilmenge von N heißt *Koalition*.

Definition 2.2:

Eine *charakteristische Funktion* ist eine reellwertige Funktion v, die auf der Potenzmenge (Menge aller Teilmengen) von N definiert ist und jedem $S \subseteq N$ einen Wert $v(S)$ zuweist.

$$v: P(N) \to \mathrm{IR}^+ \quad \text{mit} \quad v(\emptyset) = 0$$

$$S \mapsto v(S)$$

$v(S)$ kann als der Wert interpretiert werden, den die Koalition S in dem Spiel erreichen kann, gleichgültig, wie die verbleibende Koalition $N - S$ sich verhält.

Definition 2.3:

Ein Paar $G = (N, v)$ mit N = Menge der Spieler und v charakteristische Funktion heißt *Spiel in charakteristischer Funktionsform* (oder charakteristisches Funktionsspiel) *mit Seitenzahlungen.*

Definition 2.4:

Eine charakteristische Funktion v heißt *super-additiv*, wenn für alle $S, T \subset N$, $S \cap T = \emptyset$

$$v(S \cup T) \geq v(S) + v(T) \text{ gilt.}$$

Der Idee der Superadditivität liegt der Gedanke zugrunde, daß die Mitglieder der Koalition $S \cup T$ auf jeden Fall das erhalten können, was sie auch in den einzelnen Koalitionen S bzw. T erhalten.

Ein charakteristisches Funktionsspiel mit nicht-superadditiver charakteristischer Funktion nennt man auch nicht-wesentliches Spiel, während man im anderen Fall von wesentlichen Spielen spricht. Im folgenden sollen nur wesentliche Spiele behandelt werden. Ausnahmen im Rahmen von Beispielen sind besonders kenntlich gemacht.

Definition 2.5:

Ein Spiel in charakteristischer Funktionsform hat die *Konstantsummeneigenschaft*, falls für alle $S \subset N$ gilt

$$v(S) + v(N - S) = v(N)$$

Der Grundgedanke der Konstantsummeneigenschaft ist die Vorstellung eines gegebenen zu verteilenden Betrages, den die große Koalition aller n Spieler erreichen kann. Gleichgültig, welche Koalitionen sich bilden, es wird immer der Betrag $\nu(N)$ aufgeteilt.

In diese Überlegungen fließen also nicht mögliche Kosten der Koalitionsbildung oder Einschränkungen, die die Regeln der Koalitionsbildung betreffen, ein.

Zwei kurze Beispiele sollen das Instrumentarium der Spiele mit Seitenzahlungen in charakteristischer Funktionsform demonstrieren:

1. Abstimmungsspiel mit einfacher Mehrheit: $N = \{1, 2, \ldots, n\}$

$$\nu(S) = \begin{cases} c & \text{falls } |S| > \frac{n}{2} \\ 0 & \text{sonst} \end{cases}$$

Da einerseits jede Aufteilung von N in zwei disjunkte Teilmengen eine Gewinnkoalition erzeugt, andererseits nie gleichzeitig zwei oder mehr disjunkte Koalitionen mit positiver Auszahlung auftreten können, folgt, daß dies ein wesentliches Konstantsummenspiel ist.

2. Einstimmige Aufteilung eines Geldbetrages $N = \{1, 2, \ldots, n\}$

$$\nu(S) = \begin{cases} c & \text{falls } S = N \\ 0 & \text{sonst} \end{cases}$$

Die Idee des Spiels ist die Aufteilung eines Geldbetrages c zwischen n Personen, die durch Verhandlung die Art der Aufteilung bestimmen sollen. ν ist offensichtlich super-additiv, da nur die große Koalition N eine positive Auszahlung erhält. Da aber $\nu(S) = 0$ für alle $S \subsetneq N$, handelt es sich nicht um ein Konstantsummenspiel.

2.1.2. Grundsatzbemerkungen zu den Lösungskonzepten

Lösungen eines kooperativen Spiels mit Seitenzahlungen (vgl. Definition 2.3) zu suchen, heißt nichts anderes, als die Menge aller möglichen Spielergebnisse sinnvoll einzuschränken. Der Ausdruck „mögliches Ergebnis" bezeichnet zunächst einen Vektor, dessen Komponenten die Auszahlungen der Spieler sind. Zusätzlich könnte in einem solchen Ergebnis noch die der Auszahlung zugrundeliegende Zerlegung der Spielermenge angegeben sein.

Zwei einander widerstreitende Richtungen sind es, beide philosophischen Ursprungs, die, wie vielfach in den Sozialwissenschaften, in der Psychologie und auch in den Rechtswissenschaften, Beiträge zur Lösung von charakteristischen Funktionsspielen zu leisten vermögen: Normativismus und Positivismus.

Normative Lösungen geben an, wie etwas sein sollte. Es wird nicht versucht zu klären, warum zum Beispiel eine Verhandlung, beschrieben als charakteristisches Funktionsspiel mit Seitenzahlungen, mit einem bestimmten Ergebnis endet. Der Normativismus nimmt den agierenden Spieler als vollkommen rational und mit unbegrenzten Rechenfähigkeiten ausgestattet an. Von typisch menschlichen Facetten des Entscheidungsverhaltens, wie zum Beispiel Altruismus, fehlerhaftes Verhalten, Sympathie – Antipathie abstrahiert der Normativismus. Diese Verhaltensweisen sind nur über ihren Einfluß auf die Nutzenbewertung des Individuums berücksichtigt. Normative Lösungen kooperativer Spiele entstehen aufgrund rudimentärer Vorstellungen über den Ablauf einer Verhandlung und zusätzlich oder auch ausschließlich auf der Annahme bestimmter Rationalitätsanfordrungen an das Ergebnis. Dann werden die Vektoren als Lösungen des Spiels errechnet, die modellkonform und im vorher definierten Sinne rational sind.

Inwieweit solche normativen Lösungen tatsächliches Verhalten richtig beschreiben oder vorhersagen können, ist schon für verschiedene Lösungskonzepte experimentell überprüft worden. Aber auch dort, wo Übereinstimmungen der normativen Theorie mit tatsächlich in Experimenten beobachtetem Verhalten existieren, ist es durchaus fraglich, ob die Vorstellungen, die dem normativen Modell zugrundeliegen, das beobachtete Ergebnis richtig erklären, oder ob nicht Zufälligkeiten oder andere Modellvorstellungen, die in manchen Fällen zu ähnlichen Ergebnissen führen, die Übereinstimmung erzeugt haben. Diese Diskrepanz zwischen der Feststellung, daß Daten korreliert sind, und der Bestimmung der Ursache-Wirkung-Beziehung ist bei vielen experimentellen Untersuchungen, nicht nur im Bereich der Sozialwissenschaften, zu beobachten.

Weitaus die meisten der in diesem Beitrag angesprochenen Lösungskonzepte sind normativer Art. Woher rührt trotz der oben angedeuteten Mängel diese Beliebtheit? Man muß bedenken, daß das Errechnen von Lösungen bei Annahme vollkommener Rationalität grundsätzlich keine großen Schwierigkeiten verursacht. Geht man weiter davon aus, daß die zugrundeliegenden Denkvorstellungen doch in irgendeiner Form durch die Wirklichkeit inspiriert sind, so wächst doch, wenn auch vielleicht nur für bestimmte Klassen von Spielen, die Fähigkeit der normativen Lösungsansätze, tatsächliches Verhalten richtig zu beschreiben oder vorherzusagen.

Lösungen von charakteristischen Funktionsspielen mit Seitenzahlungen, die positiven Ansätzen entspringen, beziehen in ihre Theorien die menschlichen Unzulänglichkeiten ein. Sie versuchen zunächst, das tatsächliche Verhalten vollständig zu beschreiben. Diesem deskriptiven Teil der Analyse schließt sich der Versuch an, hieraus eine prognostisch effektive Theorie abzuleiten. Da die Bereiche menschlicher Nicht-Rationalität sehr weit sind, kann eine positive Theorie durch extrem viele Faktoren bestimmt werden, was ihre Handhabung unter Umständen erschwert. Auch die positive Theorie braucht natürlich ebenso wie die normativen Ansätze ihre ex post-Überprüfung.

Eine andere Möglichkeit, Lösungen von charakteristischen Funktionsspielen zu systematisieren, ist die Mächtigkeit der Lösungsmenge, wobei typischerweise zwischen einelementigen Lösungsmengen, den sogenannten Wertfunktionen (values), und mehrelementigen, den Stabilitätsmengen (stable sets), unterschieden wird. Stabilitätsmengen sollten nicht zu groß ein und möglichst auch nicht leer. Sehr große Mengen als Lösung von charakteristischen Funktionsspielen mit Seitenzahlungen haben zwar den vermeintlichen Vorteil, daß tatsächlich beobachtetes Verhalten sehr oft Element dieser Menge sein wird, da aber die Elemente von Stabilitätsmengen hinsichtlich ihrer Eignung als Spielergebnis nicht mehr unterschieden werden, kann von einer Tauglichkeit einer solchen Stabilitätsmenge als prognostisches Instrument nicht mehr die Rede sein.

Stabilitätsmengen geben zum Beispiel für verschiedene mögliche Koalitionen, die aber nicht gleichzeitig auftreten können, verschiedene Auszahlungsvektoren an, ohne jedoch eine Aussage darüber treffen zu können, welche dieser Koalitionen bei einer konkreten Durchführung des Spiels auftreten wird. Hierzu ein Beispiel:

$$\text{Sei } G = (N, v) \text{ mit } N = \{1, \ldots n\} \text{ und}$$

$$v(S) = \begin{cases} c & \text{falls } |S| = 2 \\ 0 & \text{sonst} \end{cases}$$

G ist ein nicht-wesentliches Spiel.

Eine auf dem Symmetriegedanken basierende Stabilitätsmenge gibt als Lösung von G typischerweise folgende Menge M an:

$$M = \{(\tfrac{c}{2}, \tfrac{c}{2}, 0, \ldots 0), (\tfrac{c}{2}, 0, \tfrac{c}{2}, 0, \ldots, 0), \ldots\ldots (0, \ldots, 0, \tfrac{c}{2}, \tfrac{c}{2})\}$$

M enthält $\binom{n}{2}$ Vektoren; Lösungskonzeptionen, die Stabilitätsmengen erzeugen, können keinen Hinweis darauf geben, welche der 2-Personen-Koalitionen bei Durchführung des Spiels gebildet werden wird.

Eine Wertfunktion würde als Lösung von G den Vektor

$$w = (\tfrac{c}{n}, \ldots, \tfrac{c}{n})$$

liefern.

Per definitionem kann die Wertfunktion nicht zwischen verschiedenen Koalitionen unterscheiden. Da G der Spielermenge N nur ein $v(N) = 0$ gibt, könnte *w* interpretiert werden als Vektor der Erwartungswerte für jeden einzelnen Spieler, wobei alle möglichen Koalitionen als gleichwahrscheinlich angesehen werden.

Zusammenfassend kann man die verschiedenartigen Lösungsansätze, vor allem im Hinblick auf ihre prognostischen Fähigkeiten, folgendermaßen interpretieren.

Stabilitätsmengen:
Sie können zwar im allgemeinen nicht angeben, welche Koalition als Ergebnis des Spiels auftreten wird. Sie können aber sagen, welche Auszahlungsaufteilung für diese oder jene tatsächlich beobachtete Koalition im Sinne der zugrundeliegenden Denkvorstellungen rational ist.

Wertfunktionen:
Es liegt nahe, eine Wertfunktion als Vektor der Auszahlungserwartungswerte eines jeden einzelnen Spielers anzusehen, vorausgesetzt, das tatsächliche beobachtete Verhalten ist mit den Vorstellungen, die zur Konstruktion der Wertfunktion führten, konform. Konsequenterweise kann die Wertfunktion als Vorhersageinstrument für den Durchschnitt der Ergebnisse mehrerer oder vieler gleicher Beobachtungen herangezogen werden.

Thema des nächsten Abschnittes wird die Beschreibung und spieltheoretische Definition des Apex-Spiels sein. Die verschiedenen Lösungskonzepte von charakteristischen Funktionsspielen mit Seitenzahlungen werden, gegliedert in positive und normative Ansätze, letztere nochmals in Stabilitätsmengen und Wertfunktionen unterteilt, vorgestellt. Hierzu sollen kurz die zugrundeliegenden Vorstellungen der einzelnen Lösungen angesprochen werden. Sodann wird die Vorgehensweise bei der Berechnung skizziert. Am Ende eines jeden Abschnittes wird dann die entsprechende Lösung des Apex-Spiels berechnet.

Angesichts der Fülle von Lösungskonzepten verbietet sich die Darstellung aller analytischen und mathematischen Feinheiten. Vielmehr soll jeweils die klassische Version der Konzepte vorgestellt werden, da diese sich am ehesten dazu eignet, die Gedanken darzulegen, die zur Formulierung eines jeden Konzeptes führten.

2.2. Das Apex-Spiel – Beschreibung und spieltheoretische Definition

Das Apex-Spiel findet sich schon bei von Neumann / Morgenstern[3], wurde aber unter diesem Namen erst bei Horowitz definiert[4].

[3] Vgl. von Neumann, J. / Morgenstern, O.: Theory of Games and Economic Behavior, Princeton 1947, p. 297.

(1) $G = (N, v)$ mit $N = \{A, B_2, \ldots, B_n\}$, $n > 2$, $c > 0$

$$v(S) = \begin{cases} c & \text{falls } A \in S \text{ und } |S| = 2 \\ c & \text{falls } S = \{B_2, \ldots, B_n\} \\ 0 & \text{sonst} \end{cases}$$

Die zweite Variante erweitert die Zahl der möglichen Gewinnkoalitionen:

(2) $G = (N, v)$ mit $N = \{A, B_2, \ldots, B_n\}$ $n \geq 2$

$$v(S) = \begin{cases} c & \text{falls } A \in S \text{ und } |S| \geq 2 \\ c & \text{falls } S = \{B_2, \ldots, B_n\} \\ 0 & \text{sonst} \end{cases}$$

Im Gegensatz zu Variante (1) ist das Apex-Spiel gemäß (2) ein wesentliches Spiel und hat die Konstantsummeneigenschaft.

Der Begriff Apex stammt aus dem lateinischen und bedeutet „Spitze“. Dadurch soll die besondere Stellung des Spielers A gekennzeichnet werden.

Das Apex-Spiel der Variante (1) kann graphisch als Kegel dargestellt werden, wobei die Verbindungslinien die möglichen Gewinnkoalitionen und ihre Auszahlungen andeuten:

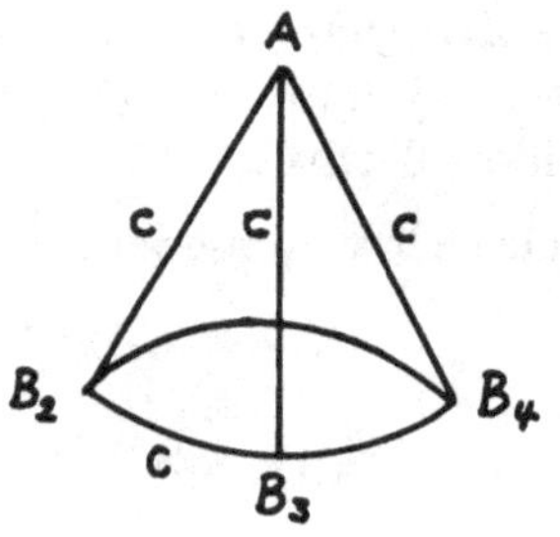

Bezeichnenderweise steht A an der Spitze des Kegels.

Die Spieler $B_i, i = 2, \ldots, n$, werden auch als Base-Spieler, Basis-Spieler, bezeichnet, während Spieler A oft kurz als „Apex“ tituliert wird. Im Gegensatz zu anderen Darstellungen in der Literatur, die den Laufindex i bei 1 beginnen lassen, soll dieser hier mit 2 beginnen, um durchgehend $|N| = n$ zu gewährleisten.

[4] Vgl. Horowitz, A. D.: The Competitive Bargaining Set for Cooperative N-Person Games, in: Journal of Mathematical Psychology, 10, 1973, pp. 265-286.

Zu beachten ist, daß für $n = 3$ die besondere Stellung des A nicht mehr gegeben ist. Daher sollen nur Apex-Spieler mit mindestens 4 Spielern betrachtet werden.

Andererseits wächst die Stärke der Stellung des A mit wachsendem n, was sich schon anhand der Anzahl der möglichen Gewinnkoalitionen, in denen ein Spieler auftreten kann, ergibt.

Da man davon ausgehen kann, daß Apex-Spiele der Variante (2) in der Literatur die größere Beachtung gefunden haben, sind auch die Experimente, die in dieser Arbeit angesprochen werden, auf diese Version beschränkt. Ein Grund für die allgemeine Bevorzugung dieser Version mag die positive Auszahlung der großen Koalition sein.

Die Experimente, die später beschrieben werden, sind mit 4 und mit 5 Spielern durchgeführt worden. Wenn in den anschließenden Abschnitten die Lösungen des Apex-Spiels gemäß den verschiedenen Lösungskonzepten entwickelt werden, so soll dies für den allgemeinen Fall mit n Spielern und der Koalitionsauszahlung c geschehen.

Aus schreibtechnischen Gründen, sowie um eine bessere Übersicht zu gewährleisten, soll die Bezeichnungsweise $N = \{1, 2, \ldots n\}$ gleichberechtigt neben $N = \{A, B_2, \ldots, B_n\}$ stehen, wobei Spieler 1 immer der Apex-Spieler sein soll.

Das Apex-Spiel der Version (1) soll im folgenden als A_1, das Spiel nach Version (2) als A_2 bezeichnet werden.

Im Apex-Spiel hat jede Zerlegung der Spielermenge N in zwei disjunkte Teilmengen S, T zur Folge, daß entweder $v(S) = c$ oder $v(T) = c$ gilt, während die verbleibende Koalition 0 erhält.

Folgende Definition soll die Schreibweise vereinfachen:

Definition 2.6:

Im Apex-Spiel A_2 mit $N = \{1, \ldots, n\}$, $n \geq 2$, $T \subseteq N$, heißt T *Gewinnkoalition*, falls $v(T) = c$ gilt.
T heißt *minimale Gewinnkoalition*, falls $v(T) = c$ und $v(T - \{i\}) = 0$ für alle $i \in T$ gilt.

2.3. Lösungskonzeptionen von Spielen in charakteristischer Funktionsform und Lösungen für das Apex-Spiel

2.3.1. Vorbemerkungen

In diesem Abschnitt sollen verschiedene Lösungskonzepte für Spiele in charakteristischer Funktionsform mit Seitenzahlungen vorgestellt werden. Wenn im folgenden von einem Spiel G die Rede ist, so soll, wenn nicht ausdrücklich anders vermerkt, immer ein wesentliches Spiel in charakteristischer Funktionsform mit Seitenzahlungen darunter verstanden werden.

Definition 2.7:

Als *Koalitionsstruktur* eines Spiels $G = (N, v)$ bezeichnet man die Zerlegung $B = (B_1, \ldots, B_m)$ der Menge N.
(Eine Zerlegung von N ist eine Menge $\{B_1, \ldots, B_m\}$ mit

(i) $B_i \subset N$ für alle $i \in \{1, \ldots, m\}$

(ii) $B_i \cap B_j = \emptyset$, für alle $i, j \in \{1, \ldots, m\}$ $i \neq j$

(iii) $\bigcup_{i=1}^{m} B_i = N$)

Definition 2.8:

Eine *Auszahlungskonfiguration* ist ein Paar $(x; B) = (x_1, \ldots, x_n; B_1, \ldots, B_m)$, wobei B eine Koalitionsstruktur von N ist und x ein Auszahlungsvektor, für den

$$\sum_{j \in B_K} x_j = v(B_K) \text{ für } K = 1, \ldots, m \text{ gilt.}$$

Aus schreibtechnischen Gründen und um die Information der Lösungen, die die verschiedenen Konzepte für das Apex-Spiel bereitstellen, auf das wesentliche zu beschränken, sollen die folgenden Konventionen eingeführt werden:

Definition 2.9:

Für alle Lösungskonzepte, die auf einer Koalitionsstruktur beruhen, sei

$$L(0) = \{(x; B) \mid (x; B) \text{ stabil im Sinne der Lösungskonzeption 0 und } x_i = 0 \text{ f. a. } i \in N\}$$

die Menge der trivialen Lösungen des Apex-Spiels gemäß des Lösungskonzeptes 0.

Betrachtet man Lösungen des Apex-Spiels, die auf Koalitionsstrukturen aufbauen, so erscheint es nicht sinnvoll, die Menge N in mehr als 2 disjunkte Teilmengen zu zerlegen, denn dies würde immer nur zu höchstens einer Gewinnkoalition und mehreren Koalitionen führen, deren Mitglieder eine Auszahlung von Null erhalten. Es erweist sich aber bei der Betrachtung der einzelnen Konzepte als unnötig, zwischen solchen Koalitionen zu unterscheiden.

Ferner soll im folgenden davon ausgegangen werden, daß eine Gewinnkoalition im Apex-Spiel immer den vollen Betrag c unter ihren Mitgliedern aufteilt, der zugehörige Auszahlungsvektor x also pareto-optimal ist.

2.3.2. *Normative Ansätze*

2.3.2.1. Stabilitätsmengen

2.3.2.1.1. Die von Neumann-Morgenstern-Lösung

Dieses Konzept wurde als erstes Konzept für Spiele in charakteristischer Funktionsform überhaupt von John von Neumann und Oskar Morgenstern vorgeschlagen[5] und einfach als Lösung eines Spiels bezeichnet. Dieser Diktion kann heute nicht mehr gefolgt werden, da seitdem viele weitere Lösungskonzepte vorgeschlagen wurden[6]. Hier soll im folgenden von der von Neumann-Morgenstern-Lösung gesprochen werden. Selten spricht auch von der „einfachen Hauptlösung"[7].

Definition 2.10:

Gegeben sei $G = (N, v)$.
Eine *Imputation* ist ein Vektor $x = (x_1, .. x_n)$, der die folgenden Eigenschaften erfüllt:

(i) $x_i \geq v(\{i\})$ f. a. $i \in N$

(ii) $\sum_{i=1}^{n} x_i = v(N)$

Bei einer Imputation handelt es sich also um einen Auszahlungsvektor des charakteristischen Funktionsspiels, der jedem $i \in N$ mindestens das zubilligt, was er auch allein als Auszahlung erhalten kann, der andererseits aber auch alles verteilt, was von der großen Koalition erreicht wird. Eine Imputation kann somit als Aufteilung verstanden werden, die individuell rational und pareto-optimal ist.

Sei im folgenden I die gesamte Menge der Imputationen eines Spiels G.

Es stellt sich jetzt aber die Frage, ob eine Imputation auch die Rationalität bezüglich einer echten Teilmenge von N befriedigt.

Sei $S \subset N, S \neq N, x \in I$. Falls $v(S) > \sum_{i \in S} x_i$, so verlangt die kollektive Rationalität, daß alle $i \in S$ die große Koalition N verlassen und die eigene Koalition S bilden, in der sie eine höhere Auszahlung erhalten können.

Dieser Sachverhalt ist in der Definition der Dominanz als einer Relation über I beschrieben:

[5] Vgl. von Neumann / Morgenstern, pp. 40, 264.

[6] Vgl. Owen, G.: Game Theory, Philadelphia 1968, p. 166.

[7] Vgl. Selten, R. / Schuster, K. G.: Psychologische Faktoren bei Koalitionsverhandlungen, in: Contributions to Experimental Economics, H. Sauermann (ed.), Vol. 2, Tübingen 1970, S. 144. von Neumann / Morgenstern, p. 444.

Definition 2.11:

Seien $x, y \in I$, $S \subset N$
y dominiert x über S ($y \operatorname{dom} S\, x$)

$$\Leftrightarrow y_i > x_i \text{ für alle } i \in S \text{ und}$$

$$\sum_{i \in S} y_i \leq v(S)$$

Eine Imputation y dominiert eine Imputation x (y dom x), falls es $S \subset N$, $S \neq N$, $S \neq \emptyset$ gibt, so daß y die Imputation x über S dominiert.

Mit Hilfe der Dominanzrelation läßt sich nun die von Neumann-Morgenstern-Lösung eines Spiels G definieren.

Definition 2.12:

Sei $G = (N, v)$, sei I die Menge der Imputationen von G, sei $I_o \subset I$.
I_o heißt *von Neumann-Morgenstern-Lösung von* G, falls gilt

(i) Für alle Paare x, $y \in I_o$ gilt *nicht*: x dom y (interne Stabilität)

(ii) $x \in I - I_o \Rightarrow$ es gibt $y \in I_o$ mit y dom x (externe Stabilität)

In I_o dominiert keine Imputation eine andere, jede nicht in der Lösung liegende Imputation wird durch eine in I_o liegende Imputation dominiert.

Beispiel: $G = (N, v)$ mit $v(S) = \begin{cases} 100 & \text{falls } |S| > 1 \\ 0 & \text{sonst} \end{cases}$

$N = \{1, 2, 3\}$

G ist ein Apex-Spiel mit drei Spielern, das in einem solchen Fall zu einem Mehrheitsspiel degeneriert ist.

Behauptung: $I_o = \{(50, 50, 0), (50, 0, 50), (0, 50, 50)\}$ ist von Neumann-Morgenstern-Lösung.

Beweis: (i) ist offensichtlich erfüllt

(ii) $x \in I - I_o \Rightarrow x_i < 50$, $x_j > 50$ für mindestens ein Paar $i, j \in \{1, 2, 3\} \Rightarrow x$ wird über $\{i, k\}$, $k \neq j$, durch $y \in I_o$ mit $y_i = y_j = 50$ dominiert.

Das Verhalten der Spieler gemäß dieses Lösungskonzeptes wird von von Neumann-Morgenstern[8] als Verhaltensstandard bezeichnet. In dem obigen Beispiel besteht dieser Standard darin, die 100 Einheiten gleichgewichtig unter zwei Mitspielern aufzuteilen und den dritten, da dieser keinen zusätzlichen Nutzen bringt, leer ausgehen zu lassen. Da die drei Teilnehmer des Spiels offensichtlich

[8] Vgl. von Neumann / Morgenstern, pp. 40.

a priori symmetrisch sind, kann die von Neumann-Morgenstern-Lösung konsequenterweise zwischen ihnen nicht unterscheiden und gibt alle möglichen symmetrischen Aufteilungen unter zwei Spielern an. Sie muß offenlassen, welche Imputation letztlich gewählt wird.

In dem obigen Beispiel kann man sich aber noch weitere Verhaltensstandards vorstellen. Zum Beispiel lassen die Spieler 2 und 3 dem Spieler 1 einen bestimmten Betrag c zukommen und teilen den Rest unter sich auf.

Behauptung:
$I_1(c) = \{(c, x_2, x_3) \mid x_2 + x_3 = 100 - c\}$ ist für alle $0 \leq c < 50$ eine von Neumann-Morgenstern-Lösung des Spiels G.

Beweis:

(i) $x, y \in I_1$. Da $x_1 = y_1 = c$, folgt aus $x_2 + x_3 + c = y_2 + y_3 + c = 100$, daß keine zwei Spieler gleichzeitig mehr erhalten können.

(ii) $y \notin I_1 \Rightarrow y_1 \neq c$
Sei $y_1 < c$. Es ist nicht möglich, daß gleichzeitig

$$y_2 \geq 100 - c$$

$$y_3 \geq 100 - c$$

gilt, da dann $y_2 + y_3 \geq 200 - 2c > 100$ ($c < 50$) gelten würde.

Also gilt entweder

$$y_2 < 100 - c \quad \text{oder}$$

$$y_3 < 100 - c$$

Im ersten Fall dominiert $(c, 100 - c, o)$ über $\{1, 2\}$, im zweiten Fall dominiert $(c, 0, 100 - c)$ über $\{1, 3\}$ den Vektor y.

Sei $y_1 > c$. Dann gilt

$$y_2 + y_3 < 100 - c = x_2 + x_3$$

Offensichtlich kann man somit $x_2 > y_2$ und $x_3 > y_3$ wählen, so daß (c, x_2, x_3) dom y über $\{2, 3\}$.

I_1 ist eine von Neumann-Morgenstern-Lösung von G. Ebenso weist man nach, daß

$$I_2(c) = \{(x_1, c, x_3) \mid x_1 + x_3 = 100 - c\} \quad \text{für alle} \quad 0 \leq c < 50$$

$$I_3(c) = \{(x_1, x_2, c) \mid x_1 + x_2 = 100 - c\} \quad \text{für alle} \quad 0 \leq c < 50$$

von Neumann-Morgenstern-Lösungen sind.

Offensichtlich gilt $I = \bigcup_{c} I_1(c) \cup I_2(c) \cup I_3(c)$.

Jede Imputation des oben angegebenen Spiels G ist Element einer von Neumann-Morgenstern-Lösung.

Dieses Beispiel ist ein extremer Fall. Im allgemeinen bestimmen von Neumann-Morgenstern-Lösungen echte Teilmengen aller Imputationen eines Spiels. Diese Lösungsmengen können immer noch sehr groß sein, und insbesondere bleibt die Frage offen, welche Imputation dann aus einer solchen Menge ausgewählt werden soll[9].

Somit muß in vielen Fällen der Wert der von Neumann-Morgenstern-Lösung als vorhersagendes, normatives Instrument sehr niedrig bewertet werden.

Auf der anderen Seite muß nicht für jedes Spiel eine von Neumann-Morgenstern-Lösung existieren. Diese Fälle und auch die Spiele, die nur eine eindeutige Lösungsmenge besitzen, sind aber selten[10].

Die von Neumann-Morgenstern-Lösung des Apex-Spiels

Satz 2.13:

$$I_O = \{(\frac{n-2}{n-1}c, \frac{1}{n-1}c, 0, \ldots, 0),$$

$$(\frac{n-2}{n-1}c, 0, \frac{1}{n-1}c, 0, \ldots, 0),$$

$$(\frac{n-2}{n-1}c, 0, \ldots, 0, \frac{1}{n-1}c),$$

$$(0, \frac{1}{n-1}c, \ldots, \frac{1}{n-1}c)\}$$

ist eine von Neumann-Morgenstern-Lösung des Apex-Spiels A_2.

Beweis:

(i) Zum Nachweis der internen Stabilität muß gezeigt werden, daß keine Imputation $x \in I_O$ eine andere Imputation $y \in I_O$ dominiert. Es ist offensichtlich, daß diese Bedingung erfüllt ist.

9 Vgl. Rapoport, An. (1980), S. 269.

10 Vgl. Owen, G., p. 166.

(ii) Zum Nachweis der externen Stabilität gilt es zu zeigen, daß für eine Imputation $y \notin I_o$ gilt: Es gibt $x \in I_o$ mit x dom y. Hierzu sollen einige Fallunterscheidungen gemacht werden:

α) 2-Personen-Gewinnkoalitionen

Man kann $y = (\frac{n-2}{n-1} c + \epsilon, \ \frac{1}{n-1} c - \epsilon, \ 0, \ldots, 0)$ ohne Beschränkung der Allgemeinheit annehmen.

Falls $\epsilon > 0$, so dominiert $x = (0, \ \frac{1}{n-1} c, \ldots, \ \frac{1}{n-1} c)$ die Imputation y über $S = \{B_2, \ldots, B_n\}$.

Falls $\epsilon < 0$, so dominiert $x = (\frac{n-2}{n-1} c, 0, \ \frac{1}{n-1} c, 0, \ldots 0)$ y über $S = \{A, B_3\}$.

β) Nicht-minimale Gewinnkoalitionen

Da die Summe aller Auszahlungen immer gleich c sein soll, werden Imputationen, die den Mitgliedern einer nicht-minimalen Gewinnkoalition S eine positive Auszahlung garantieren, durch die $x \in I_o$ dominiert, die unter den Mitgliedern einer minimalen Gewinnkoalition $S \subset S$ den Betrag c aufteilt.

γ) Koalition der Base-Spieler

Nimmt man eine Imputation x mit ungleicher Aufteilung von c auf die $n - 1$ Base-Spieler an, so gibt es mindestens einen Spieler B_i mit $x_{B_i} < \frac{1}{n-1} c$. Die Imputation aus I_0, die die Gewinnkoalition $\{A, B_i\}$ bedenkt, dominiert x.

Damit ist gezeigt, daß I_o eine von Neumann-Morgenstern-Lösung des Apex-Spiels ist.

I_o ist aber nicht die einzige von Neumann-Morgenstern-Lösung des Apex-Spiels A_2.

Exakt der Vorgehensweise folgend, die bei dem Beispiel zur Erläuterung dieses Lösungskonzeptes gewählt wurde, kann man weitere Verhaltensstandards festlegen. Man kann zum Beispiel bis zu $n - 2$ Base-Spielern, die nicht Mitglieder einer 2-Personen-Gewinnkoalition sind, einen festen Auszahlungsbetrag zuweisen. Die Summe dieser fixen Beträge muß nur kleiner als die Hälfte des insgesamt zu verteilenden Betrages sein, kann aber für verschiedene Base-Spieler verschieden hoch sein. Base- und Apex-Spieler in der Gewinnkoalition teilen sich den verbleibenden Rest von c in beliebiger Weise. So wird für jede Kombination der fixen Beträge eine von Neumann-Morgenstern-Lösung des

Apex-Spiels A_2 festgelegt. Auf den Beweis dieser Behauptung sei hier verzichtet, da er wiederum dem obigen Beispiel entspricht.

Die Menge aller von Neumann-Morgenstern-Lösungen des Apex-Spiels A_2 ist daher sehr groß. Dem Vorgehen von Selten folgend[11], soll im Rahmen dieser Arbeit die Menge der von Neumann-Morgenstern-Lösungen auf die Imputationen beschränkt werden, die den Spielern, die nicht Mitglied einer Gewinnkoalition sind, eine Auszahlung von Null geben. Auf anderen Verhaltensstandards basierende Lösungen sollen nicht berücksichtigt werden.

Damit ist die hier verwendete von Neumann-Morgenstern-Lösung des Apex-Spiels A_2 durch die Menge I_o aus Satz 2.13 gegeben.

2.3.2.1.2. Der Kern

Der Kern[12] besteht aus allen nicht-dominierten Imputationen. Es handelt sich daher um ein bedeutend schärferes Lösungskonzept als die von Neumann-Morgenstern-Lösung.

Definition 2.14:

$G = (N, v), S \subset N, x$ Auszahlungsvektor, $e(S, x) = v(S) - \sum_{i \in S} x_i$ heißt *Exzess* von S bezüglich x.

Definition 2.15:

$$C(N, v) = \{x \in \mathbb{R}^n \mid e(S, x) \leq 0 \text{ für } S \subset N,\ e(N, x) = 0\}$$

heißt *Kern* des Spiels $G = (N, v)$.

Durch einfaches Umformen erhält man:

$$C(N, v) = \{x \in \mathbb{R}^n \mid \begin{array}{lll} (\text{ i}) & x_i \geq v(\{i\}) & \text{f.a. } i \in N \\ (\text{ii}) & \sum_{i \in S} \geq v(S) & \text{f.a. } S \subset N \\ (\text{iii}) & \sum_{i \in S} = v(N)\} & \end{array}$$

Hierbei bezeichnet man:

(i) als individuelle Rationalität
(ii) als Gruppenrationalität
(iii) als Paretooptimalität

11 Vgl. Selten / Schuster, S. 144.

12 Vgl. Gillies, D. B.: Solutions to General Non-Zero-Sum Games, in: Contributions to the Theory of Games IV, R. D. Luce and A. W. Tucker (eds.): Annals of Mathematic Studies, No. 40, Princeton 1959, pp. 47-85.

Der Kern besteht aus jenen Auszahlungsvektoren, in denen sich keine (echte oder unechte, ein- oder mehrelementige) Teilmenge der n Spieler mit einer geringeren Auszahlung begnügt, als ihr gemäß der charakteristischen Funktion zu erreichen möglich ist.

Der Kern eines Spiels besteht häufig aus einer unendlichen Anzahl von Auszahlungsvektoren. Andererseits ist der Kern eines Spiels oft leer, denn es gilt

Satz 2.16:

Ist $G = (N, v)$ ein wesentliches Spiel und hat es die Konstantsummeneigenschaft, so gilt $C(N, v) = \emptyset$ [13].

Beweis:

Annahme $x \in C(N, v)$

$$\sum_{j \in N/\{i\}} x_j \geq v(N - \{i\}) \qquad \text{(Gruppenrationalität)}$$

$$v(N - \{i\}) = v(N) - v(\{i\}) \qquad \text{(Konstantsummen-Spiel)}$$

$$(n-1) \sum_{j \in N} x_j \geq n\, v(N) - \sum_{i \in N} v(\{i\})$$

Wegen der Paretooptimalität des Kerns folgt

$$\sum_{i \in N} v(\{i\}) \geq v(N),$$

was einen Widerspruch zur Annahme, G sei ein wesentliches Spiel, bedeutet.

Liegt ein Auszahlungsvektor eines n-Personen-Spiels im Kern, so bedeutet dies, daß keine Koalititon die Macht hat, eine andere Auszahlungsaufteilung herbeizuführen. Wird so z.B. im Laufe einer Verhandlung ein Auszahlungsvektor aus dem Kern erreicht, so müßte dieser sich als stabil erweisen und die Verhandlung beenden. Die prognostischen Eigenschaften des Kerns werden dadurch eingeschränkt, daß er oft entweder sehr groß oder leer ist.

Kern und Apex-Spiel

Das Apex-Spiel A_2 ist ein wesentliches Konstantsummen-Spiel. Folglich ist sein Kern leer.

Dieser Beweis läßt sich auf einfache Weise aber auch direkt führen.

---

[13] Vgl. Owen, pp. 164. Owen beweist den Satz allerdings über die Behauptung x Imputation $\Rightarrow x_i \leq v(\{i\})$, was offenbar auf einem Irrtum beruht.

Annahme:

Sei $x = (x_1, \ldots, x_n) \in C(A_2)$

Dann gilt $x_1 + x_i \geq c$ für $i = 2, \ldots, n$

$$\Rightarrow (n-1)\,x_1 + \sum_{i=2}^{n} x_i \geq (n-1)\,c$$

Wegen $\sum_{i=1}^{n} x_i = c$ folgt

$$(n-2)\,x_1 \geq (n-2)\,c$$

$$\Rightarrow \quad x_1 \geq c$$

Das Apex-Spiel verlangt aber $\sum_{i=2}^{n} x_i = c$, was zu

$$\sum_{i=1}^{n} x_i \geq 2\,c$$

mit Widerspruch zur Definition des Kerns führt.

2.3.2.1.3. Die Verhandlungsmenge

Der „bargaining set" wurde 1961 zum ersten Mal von Aumann und Maschler definiert[14] und 1964 als Lösungskonzept für kooperative n-Personen-Spiele mit Seitenzahlungen dargelegt[15]. Im Deutschen wird sowohl der Ausdruck „Verhandlungsbereich"[16] als auch die Übersetzung „Verhandlungsmenge" gebraucht[17].

Der Konstruktion der Verhandlungsmenge mögen gewisse Vorstellungen über den Ablauf einer Verhandlung zugrunde gelegen haben, denn die Teilnehmer einer Verhandlung haben bei Aumann / Maschler die Möglichkeit, „Einwände" gegen Koalitionen und Auszahlungsverteilungen zu erheben, bzw. solche Einwände durch sogenannte „Gegeneinwände" zu entkräften. Das Ergebnis einer solchen Verhandlung gilt nur dann als stabil, wenn kein „be-

14 Vgl. Aumann, R. J. / Maschler, M.: An equilibrium theory for n-person cooperative games, in: Am. Soc. Notices, Vol. 8, 1961, pp. 261.

15 Vgl. Aumann, R. J. / Maschler, M.: The Bargaining Set for Cooperative Games, in: Advances in Game Theory, Annals of Mathematic Studies, No. 52, ed.: M. Dresher, L. S. Shapley, A. W. Tucker, Princeton 1964, pp. 443.

16 Vgl. Selten (1970), S. 116.

17 Vgl. Owen, G.: Spieltheorie, Berlin/Heidelberg/New York 1971, S. 188.

rechtigter Einwand" mehr erhoben werden kann. Es ist allerdings möglich, daß das Lösungskonzept in formaler Form schon vorhanden war, und dann erst diese anschauliche Interpretation geliefert wurde.

Definition 2.17:

Sei $(x;B)$ eine Auszahlungskonfiguration gemäß Def. 2.8 des Spiels $G = (N, \nu)$. $(x;B)$ heißt *individuell-rational*, wenn $x_i \geq \nu(\{i\})$ für alle $i \in N$ gilt.

$(x;B)$ heißt *koalitionsrational*, wenn

$$\sum_{j \in S} x_j \geq \nu(S) \quad \text{für alle} \quad S \subset B_i \in B$$
$$\text{für alle} \quad i = 1, \ldots, m$$

gilt.

Eine Auszahlungskonfiguration ist koalitionsrational, wenn keine Unterkoalition S einer Koalition $B_i \in B$ allein eine höhere Auszahlung erreichen kann, als sie in B_i erhält.

Man beachte, daß dieser Begriff der Koalitionsrationalität nicht identisch ist mit der Gruppenrationalität des Kerns, da für den Kern $S \subset N$, hier jedoch $S \subset B_i \in B$ gilt.

Wann ist eine koalitionsrationale Auszahlungskonfiguration stabil?

Aumann / Maschler nehmen an, daß sich im Laufe der Verhandlungen Koalitionen gebildet haben, innerhalb derer jetzt die Verteilung der möglichen Auszahlung festgelegt werden muß. Es kann vorkommen, daß ein oder mehrere Mitglieder einer Koalition drohen, diese zu verlassen und eine neue koalitionsrationale Auszahlungskonfiguration zu bilden, in welcher diese einwendenden Spieler eine höhere Auszahlung erhalten. Die angegriffenen Spieler, die im allgemeinen durch ein solches Vorgehen schlechter gestellt werden, haben nun die Möglichkeit, einen Gegeneinwand in Form einer dritten koalitionsrationalen Auszahlungskonfiguration zu formulieren, der ihnen ihren ursprünglichen Besitzstand erhält und zumindest einen Teil der Gruppe, die die erste koalitionsrationale Auszahlungskonfiguration verlassen wollte, schlechter stellt. Eine koalitionsrationale Auszahlungskonfiguration soll als stabil gelten, wenn es zu jedem Einwand einen Gegeneinwand gibt.

Die Verhandlungsmenge nach Aumann / Maschler ist dann die Menge aller stabilen koalitionsrationalen Auszahlungskonfigurationen.

Im folgenden soll dieses Vorgehen formalisiert werden:

Definition 2.18:

Es sei $B = \{B_1, \ldots, B_m\}$ eine Koalitionsstruktur, $S \subset N$ beliebig.

$$P(S;B) = \{i \mid i \in B_K,\ B_K \cap S \neq \emptyset\}$$

ist die Menge der *Partner* von S bezüglich B.

Ein Spieler i ist somit Partner von S, wenn er zur gleichen Koalition B_K gehört wie ein Mitglied von S, insbesondere ist jedes Mitglied von S auch Partner von S.

Definition 2.19:

Sie $(x;B)$ eine koalitionsrationale Auszahlungskonfiguration, $S,\ T \subset B_K$, $S \cap T = \emptyset$ S, T nicht leer.
Eine koalitionsrationale Auszahlungskonfiguration $(y;\ C)$ heißt *Einwand* von S gegen T bzgl. $(x;B)$, wenn gilt
(i) $P(S;C) \cap T = \emptyset$
(ii) $y_i > x_i$ für alle $i \in S$
(iii) $y_i \geq x_i$ für alle $i \in P(S;C)$.

Mit anderen Worten: Ein Einwand ist eine koalitionsrationale Auszahlungskonfiguration, die den Spielern, die den Einwand erheben, mehr gibt als in der ursprünglichen Auszahlungskonfiguration und den neuen Partnern dieser Spieler mindestens soviel wie zuvor. Über die Auszahlungen der Spieler, gegen die der Einwand erhoben wird, wird nichts ausgesagt. Im allgemeinen wird es so sein, daß diese Auszahlungen kleiner werden.

Definition 2.20:

$(x;\ B)$, S, T definiert wie in 2.19. Sei $(y;\ C)$ ein Einwand von S gegen T bzgl. $(x;\ B)$.
Eine koalitionsrationale Auszahlungskonfiguration $(z;\ D)$ heißt *Gegeneinwand* von T gegen S bzgl. des Einwandes $(y;C)$ gegen $(x;B)$, wenn gilt
(i) $S \not\subset P(T;D)$
(ii) $z_i \geq x_i$ für $i \in P(T;D)$
(iii) $z_i \geq y_i$ für $i \in P(T;D) \cap P(S;C)$.

Ein Gegeneinwand gibt den zuvor angegriffenen Mitgliedern mindestens soviel wie in der ersten koalitionsrationalen Auszahlungskonfiguration (Bed. (ii)). Wenn Partner der Angegriffenen schon durch den Einwand bessergestellt wurden, so sollen sie im Gegeneinwand nicht schlechter gestellt werden (Bed. (iii)). Allerdings dürfen die Partner $P(T;D)$ der ursprünglich angegriffenen Koalition T in D nicht auch alle Angreifer (S) enthalten (Bed. (i)).

Definition 2.21:

Eine koalitionsrationale Auszahlungskonfiguration $(x;B)$ heißt *stabil*, wenn zu jedem Einwand, den ein beliebiges $S \subset B_k$, $k = 1, \ldots, m$, gegen ein $T \subset B_k$, $S \cap T = \emptyset$, in $(x;B)$ hat, mindestens ein Gegeneinwand von T gegen S existiert.

Die Menge M aller stabilen koalitionsrationalen Auszahlungskonfigurationen heißt *Verhandlungsmenge* M.

Die Stabilität der Verhandlungsmenge wird durch die Sicherheit der Koalitionsmitglieder gegeben, daß jede Drohung, die Koalition zu verlassen, mit einer wirkungsvollen Gegenmaßnahme beantwortet werden kann. Dabei ist es gleichgültig, ob der Anstoß, die Koalitionsstruktur zu ändern, von außen in die Koalition eingebracht wird, oder von Mitgliedern der Koalition selbst gegeben wird.

Der Verhandlungsmenge nach Aumann / Maschler wird oft nachgesagt, sie stelle den Verhandlungsablauf zu schematisch dar. Insbesondere sei auch nicht einsichtig, warum man sich gerade auf 2-stufige Verhandlungsabläufe beschränkt.

Würde man nur solche koalitionsrationale Auszahlungskonfigurationen betrachten, gegen die gar kein Einwand möglich ist, so unterscheidet sich eine so konstruierte Verhandlungsmenge nur durch die Einführung der Koalitionsstruktur vom Kern eines Spiels. Eine solche Koalitionsstruktur vermindert zwar die Zahl aller möglichen Einwände, da nicht alle Spieler $i \in N$ sinnvolle Einwände gegen eine bestimmte Konfiguration $(x; B)$ erheben können, allerdings würde die Gefahr bestehen, daß diese Verhandlungsmenge keinem Spieler eine positive Auszahlung zugesteht. Wie man sich leicht überlegt, ist das Apex-Spiel hierfür ein Beispiel.

Eine Verlängerung der Einwandskette auf mehr als zwei Stufen, z. B. durch „Gegen-Gegeneinwände“, würde auf jeden Fall über eine Erhöhung der Zahl der zulässigen Einwände eine Verkleinerung der Verhandlungsmenge in Richtung Kern mit sich bringen.

Man muß sich jedoch darüber im klaren sein, daß jede Festlegung auf eine bestimmte Zahl von Verhandlungsstufen willkürlich ist, so daß ein Disput über die „richtige“ Anzahl sinnlos wird. Interessant wäre es, den Übergang zu unendlichen Einwandsketten zu untersuchen.

Folgerichtig begründen Aumann / Maschler die Konzeption der Verhandlungsmenge[18] auch nicht mit dem Versuch, den Ablauf der Verhandlung wiederzugeben. Ihr Aufsatz war grundlegend motiviert durch die Tatsache, daß sie beim Experimentieren mit relativ einfachen Spielen fanden, daß die Überlegungen der Versuchspersonen gleich bei stabilen koalitionsrationalen Auszahlungskonfigurationen begannen, und nur noch die Auswahl einer bestimmten Konfiguration problematisch war. Was Aumann / Maschler als Verhandlungsablauf formalisierten, fand nicht statt, sondern beschränkte von vornherein die Anzahl möglicher koalitionsrationaler Auszahlungskonfigurationen als mögliches Spielergebnis.

18 Vgl. Aumann / Maschler, p. 447/448.

Modifikationen und Existenzaussagen

Definition 2.22:

Die *Verhandlungsmenge* M_1 ist die Menge aller koalitionsrationalen Auszahlungskonfigurationen $(x; B)$, für die gilt:
Zu jedem Einwand $(y; C)$ einer Koalition $S \subset B_K \in B$ gegen $T \subset B_K, S \cap T = \emptyset$, S, T nicht leer, gibt es eine Menge $U \subset T$, $U \neq \emptyset$, die über einen Gegeneinwand $(z; D)$ gegen den Einwand $(y; C)$ bzgl. $(x; B)$ verfügt.

Die schärfste Anforderung ergibt sich aus $|U| = 1$. Man spricht dann davon, daß jeder Spieler einer durch einen Einwand von S angegriffenen Koalition T die Möglichkeit haben kann, einen Gegeneinwand zu formulieren. Die Anforderung der Verhandlungsmenge M, daß die angegriffenen Spieler sich gemeinsam verteidigen müssen, wird hier fallengelassen.

Definition 2.23:

Die *Verhandlungsmenge* M_2 ist die Menge aller koalitionsrationalen Auszahlungskonfigurationen $(x; B)$, bei denen zu jedem Einwand $(y; C)$ bzgl. $(x; B)$ einer Koalition $S \subset B_K \in B$, $|S| = 1$, gegen $T \subset B_K, S \cap T = \emptyset, T \neq \emptyset$, die Koalition T über einen Gegeneinwand $(z; D)$ gegen den Einwand $(y; C)$ bzgl. $(x; B)$ verfügt.

Im Gegensatz zur Verhandlungsmenge M dürfen in M_2 nur Einwände von einzelnen Spielern formuliert werden.

Da M_1 die Zahl der erlaubten Gegeneinwände erhöht und M_2 die Zahl der erlaubten Einwände im Vergleich zu M verringert, ist klar, daß

$$M \subset M_1$$

$$M \subset M_2 \quad \text{gilt.}$$

Drei weitere Verhandlungsmengen kann man definieren, wenn man die Anforderung der Koalitionsrationalität fallen läßt und zu individuell-rationalen Auszahlungskonfigurationen übergeht. Entsprechend den obigen Definitionen 2.21 bis 2.23 erhält man die Verhandlungsmengen $M^{(i)}, M_1{}^{(i)}, M_2{}^{(i)}$.

Man kann zeigen, daß keine der oben definierten Menge leer ist. Insbesondere ist bei $(0, 1)$ = normierten Spielen die koalitionsrationale Auszahlungskonfiguration $(x; B)$ mit $x = (0, 0, \ldots, 0)$ und $B = \{\{1\}, \{2\}, \ldots, \{n\}\}$ stabil. Kooperation ist hier allerdings ausgeschlossen.

Die Verhandlungsmenge $M_1{}^{(i)}$ ist das am häufigsten in der Literatur beachtete und untersuchte Konzept einer Verhandlungsmenge. Sie ist gleichbedeutend mit der Menge M_1 [19]. Für diese Menge ist auch bewiesen, daß es für jede vorgegebene Koalitionsstruktur B einen Auszahlungsvektor x gibt, so daß $(x;B) \in M_1^{(i)}$ gilt[20].

Die Lösung des Apex-Spiels gemäß der Verhandlungsmenge

Es sind die Mengen M, M_1, M_2 einerseits, $M^{(i)}$, $M_1^{(i)}$, $M_2^{(i)}$ andererseits zu untersuchen. Ein paar Vorbemerkungen sollen das Auffinden der Lösungen erleichtern:

a) Es sollen nur Auszahlungskonfigurationen betrachtet werden, die den Betrag c voll unter den Mitgliedern einer Gewinnkoalition aufteilen. (Automatisch erfüllt für stabile koalitionsrationale Auszahlungskonfigurationen, nicht aber für individuell-rationale.)

b) M_2 bzw. $M_2^{(i)}$ erlauben den Einwand eines einzelnen Spielers gegen eine Koalition. Dieser Fall soll in Form der Koalition $\{i\}$ bei der Untersuchung von M bzw. $M^{(i)}$ mit berücksichtigt werden.

Die Auszahlungen der Base-Spieler

Zunächst soll gezeigt werden, daß bei allen zuvor betrachteten Verhandlungsmengen die Base-Spieler in einer Gewinnkoalition gleich hohe Auszahlungen erhalten.

Sei $(x;B) = (x_1, \ldots x_n;\ S, T)$ mit S, T Zerlegung von N,
wobei S die Gewinnkoalition sei (vgl. Def. 2.6).

Behauptung:

Es gilt $x_i = x_j$ für alle $i, j \in S - \{1\},\ i \neq j$.

Beweis:

Annahme $(x;\ B)$ sei stabil im Sinne einer Verhandlungsmenge und es gilt $x_i > x_j,\ i,\ j \in S - \{1\}$.
Offensichtlich hat der j gegen den i für alle Verhandlungsmengen den Einwand $(y;\ C)$ bzgl. $(x;B)$ mit $(y;C) = (y_1, 0, \ldots, 0, y_j, 0, \ldots, 0;\ \{1,j\}, N - \{1,j\})$ mit $y_j = \frac{1}{2}(x_i + x_j)$.

[19] Vgl. Davis, M. / Maschler, M.: Existence of Stable Payoff Configurations, in:Shubik (ed.): Essays in Mathematical Economics in Honor of Oskar Morgenstern, Princeton University Press, Princeton, New Jersey, 1967, p. 42.

[20] Vgl. Peleg, B.: Existence Theorem for the Bargaining Set $M_1^{(i)}$, in: Essays in Mathematical Economics in Honor of Oskar Morgenstern, ed.: M. Shubik, Princeton 1967, pp. 53-56.

Für den Gegeneinwand des i kommt nur die Koalitionsstruktur $\{\{1, i\}, N - \{1, i\}\}$ in Frage. Da $y_j < x_i$, hat i keinen Gegeneinwand, und der Einwand $(y; C)$ bzgl. $(x; B)$ ist berechtigt.

In einer stabilen Auszahlungskonfiguration ist also die Auszahlung aller Base-Spieler in der Gewinnkoalition gleich. Bei der Bestimmung der einzelnen Verhandlungsmengen muß also nur noch die Zusammensetzung der Gewinnkoalition und die mögliche Auszahlung für den Apex-Spieler festgelegt werden.

Die Mengen M und M_1

Sei $(x; B)$ eine koalitionsrationale Auszahlungskonfiguration und $S \in B$ eine nicht-minimale Gewinnkoalition. Dann folgt $1 \in S$. Die Koalitionsrationalität (vgl. Def. 2.17) verlangt, daß alle Zwei-Personen-Koalitionen c erhalten. Dies ist aber nur möglich, falls $x_1 = c$, $x_i = 0$ für $i \in N - \{1\}$. $(x; B)$ mit $x = (c, 0, \ldots, 0)$, $B = \{S, T\}$ mit $1 \in S$, $|S| \geq 2$, ist aber nicht stabil, da $(y; C) = (0, \frac{c}{n-1}, \ldots, \frac{c}{n-1}; \{1\}, N - \{1\})$ ein berechtigter Einwand der Koalition $S - \{1\}$ gegen den Spieler 1 bzgl. $(x; B)$ ist. Es genügt somit, zur Bestimmung von M und M_1 minimale Gewinnkoalitionen zu betrachten.

Für die Menge M sollen zunächst die Koalition der Base-Spieler, dann die 2-Personen-Koalitionen der Form $\{1, i\}, i \in N - \{1\}$, überprüft werden.

a) Sei $(x; B) = (0, x_2, \ldots x_n; \{1\}, \{2 \ldots n\})$ mit $x_i = \frac{c}{n-1}$ für alle $i = 2, \ldots n$.

O.B.d.A. genügt es, einen Einwand $(y; C)$ bzgl. $(x; B)$ des Spielers 2 gegen die Koalition $3, \ldots, n$ zu untersuchen.

$$(y; C) = (\frac{c}{2}, \frac{c}{2}, 0, \ldots 0; \{1, 2\}, \{3, \ldots, n\})$$

Da sich die Koalition $\{3, \ldots, n\}$ gemeinsam verteidigen muß und für $n > 3$

$$\frac{c}{2} + \frac{n-2}{n-1} c = \frac{3n-5}{2n-2} c > c \quad (\text{wegen } \frac{3n-5}{2n-2} > 1)$$

gilt, ist der Einwand $(y; C)$ des 2 gegen $\{3, \ldots, n\}$ bzgl. $(x; B)$ berechtigt.

Die Koalition der Base-Spieler ist nicht stabil im Sinne von M.

b) Sei $(x; B) = (x_1, 0, \ldots 0, x_i, 0, \ldots 0; \{1, i\}, N - \{1, i\})$

Ein Einwand des i gegen den 1 hat die Form

$$(y; C) = (0, y_2, \ldots y_n; \{1\}, \{2, \ldots, n\})$$

und ist berechtigt, falls

$$x_1 + \min_{j=2,\dots n} y_j > c$$

$$\Leftrightarrow c - x_i + \min_{\substack{j=2,\dots n \\ j \neq i}} y_j > c$$

$$\Leftrightarrow \min_{\substack{j=2,\dots n \\ j \neq i}} y_j > x_i$$

Dies ist nur dann zu gewährleisten, falls $x_i < \frac{c}{n-1}$

$(x;B)$ ist also stabil, falls

$$x_1 \leq \frac{n-2}{n-1} c \quad \text{und} \quad x_i = c - x_1$$

Ein Einwand des 1 gegen den i hat die Form

$$(y;C) = (y_1, 0, \dots, 0, y_j, 0, \dots 0; \{1,j\}, N - \{1,j\}), j = 2, \dots n, j \neq i$$

und ist nicht berechtigt, solange

$$x_i + y_j \leq c$$

$$\Leftrightarrow x_i + c - y_1 \leq c$$

$$\Leftrightarrow x_i \leq y_1$$

Da y_1 beliebig nah bei x_1 gewählt werden kann, ist der Fall $x_i > x_1$ ausgeschlossen.

Die Verhandlungsmenge M ergibt sich als

$$M(A_2) = \{(x_1, 0, \dots, 0, x_i, 0, \dots, 0; \{1,i\}, N - \{1,i\}) \mid x_1 + x_i = c,$$

$$\frac{c}{2} \leq x_1 \leq \frac{n-2}{n-1} c, \; i = 2, \dots n\} \cup L(M(A_2)).$$

Im Gegensatz zu M läßt die Stabilitätsbedingung der Menge M_1 die Formulierung eines Gegeneinwandes durch ein einzelnes Mitglied einer angegriffenen Koalition zu. Im konkreten Beispiel des Apex-Spiels und bei Beachtung der

Koalitionsrationalität kann M_1 sich von M nur bzgl. der Koalition der Base-Spieler unterscheiden.

Sei $(x;B) = (0, x_2, \ldots x_n;\ \{1\},\ \{2 \ldots n\})$ mit $x_i = \frac{c}{n-1}$ für $i = 2, \ldots n$.

Ein Einwand des $i \in \{2, \ldots, n\}$ gegen $T \subset N - \{1, i\}$ hat die Form

$$(y;C) = (y_1, 0, \ldots 0, y_i, 0, \ldots 0;\ \{1,i\}, N - \{1,i\}) \text{ mit } y_1 > 0,\ y_i > x_i$$

Aber jeder $j \in T$ hat den Gegeneinwand

$$(z;D) = (z_1, 0, \ldots 0, z_j, 0, \ldots 0;\ \{1,j\}, N - \{1,j\})$$

mit $z_j = x_j < y_i$ und damit sogar $z_1 > y_1$

Gegen $(x;B)$ gibt es keine berechtigten Einwände, und man erhält

$$M_1(A_2) = M(A_2) \cup \{(0, \frac{c}{n-1}, \ldots, \frac{c}{n-1};\ \{1\}, \{2, \ldots, n\})\}$$

Die Mengen $M^{(i)}$ und $M_1{}^{(i)}$

Diese Mengen erlauben wegen der schwächeren Anforderung der individuellen Rationalität nicht-minimale Gewinnkoalitionen in stabilen Auszahlungskonfigurationen.

Der Koalition der Base-Spieler ist nicht $M^{(i)}$-stabil, da, analog der Argumentation bei M, die angegriffene Subkoalition sich gemeinsam verteidigen muß.

Da ein Einwand eines Base-Spielers gegen die übrigen Base-Spieler in der Gewinnkoalition die gemeinsame Verteidigung aller angegriffenen Base-Spieler gleichzeitig bedingt, folgt sofort, daß höchstens 2 Base-Spieler in einer stabilen Auszahlungskonfiguration vertreten sein können.

Es stellt sich nur die Frage, inwieweit

$(x;B) = (x_1, x_2, \ldots, x_n; S, T)$, S, T Zerlegung von N

S Gewinnkoalition mit $1 \in S$, $|S| = 3$,

stabil im Sinne von $M^{(i)}$ ist.

Ein Einwand des $i \in S - \{1\}$ gegen den Apex führt, gemäß der gleichen Überlegung wie bei der Menge M, zur Einschränkung

$$x_1 \leq \frac{n-2}{n-1} c$$

für alle stabilen Auszahlungskonfigurationen.

Sei $(y;C)$ ein Einwand des Spielers 1 gegen $i \in S - \{1\}$ bzgl. $(x;B)$. Spieler i kann nur einen Gegeneinwand $(z;B)$ gegen $(y;C)$ formulieren, für den $D = \{\{1\}, \{2, \ldots, n\}\}$ gilt. $(y;C)$ ist am schwierigsten durch einen Gegeneinwand zu entkräften, wenn

$$P(\{1\};C) \cap (S - \{1\}) = \emptyset \quad \text{(vgl. Def. 2.18)},$$

da in diesem Fall $z_j \geq y_j$ f.a. $j \in P(\{1\};C) - \{1\}$

und $z_j \geq x_j$ f.a. $j \in S - \{1\}$

gelten muß.

Der Einwand $(y;C)$ ist somit berechtigt, falls

$$\sum_{i \in S - \{1\}} x_i + (c - y_1) > c \quad \text{ist.}$$

Für $\epsilon > 0$ kann $y_1 = x_1 + \epsilon$ geschrieben werden.

Da ϵ beliebig klein gewählt werden kann, folgt, daß $(y;C)$ berechtigter Einwand des 1 gegen $S - \{1\}$ bzgl. $(x;B)$ ist, falls

$$\sum_{i \in S - \{1\}} x_i + c - x_1 \underset{>}{>} c$$

$$\Leftrightarrow \sum_{i \in S - \{1\}} x_i - x_1 > 0$$

$$\text{Da} \sum_{i \in S - \{1\}} x_i = c - x_1 \text{ gilt, folgt}$$

$(y;C)$ berechtigt, falls

$$x_1 < \frac{c}{2}.$$

Damit sind schon alle möglichen Einwandformen bedacht, und man erhält

$$M^{(i)}(A_2) = M(A_2) \cup \{(x_1, \ldots, x_n;\ S, T) /$$

S, T Zerlegung von N,

S Gewinnkoalition mit $1 \in S, |S| = 3$,

$$\frac{c}{2} \leq x_1 \leq \frac{n-2}{n-1}c, \quad \sum_{i \in S} x_i = c, x_i = x_j$$

für $i, j \in S - \{1\}\}$[21]

Analog der Überlegung, die bei der Besprechung von M_1 angestellt wurde, gilt auch für $M_1{}^{(i)}$, daß die Koalition aller Base-Spieler mit gleichen Auszahlungen stabil ist.

Da $M^{(i)} \subset M_1{}^{(i)}$ gilt, genügt es zu prüfen, ob und gegebenenfalls welche nicht-minimale Gewinnkoalitionen S mit $|S| > 3$ stabil im Sinne von $M_1{}^{(i)}$ sind.

Aufgrund der oben angegebenen Argumentationen und der Tatsache, daß einzelne Spieler einer angegriffenen Subkoalition einen Gegeneinwand formulieren können, kommt man leicht zu

$$M_1{}^{(i)}(A_2) = \{(x_1, \dots x_n;\ S, T) \mid S, T \text{ Zerlegung von } N, S \text{ Gewinnkoalition, } \sum_{i=1}^{n} x_i = c,\ x_i = x_j \text{ für alle } i, j \in S - \{1\},\ \frac{n-2}{2n-3} \leq x_1 \leq \frac{n-2}{2n-3}, \text{ falls } S = N\}$$[21]

Allen berechneten Verhandlungsmengen ist also gemeinsam, daß der Apex-Spieler in der Gewinnkoalition zwischen $\frac{c}{2}$ und $\frac{n-2}{n-1}c$ als Auszahlung bekommt. Sind mehrere Base-Spieler in einer Gewinnkoalition, so erhalten alle die gleiche Auszahlung. Die vier Mengen unterscheiden sich in der Anzahl der Base-Spieler, die in einer Gewinnkoalition möglich sind. Die Spanne reicht von einem Base-Spieler (M) über zwei ($M^{(i)}$), alle in der Base-Koalition (M_1) bis hin zu der Möglichkeit, daß auch N Gewinnkoalition ist ($M_1{}^{(i)}$).

2.3.2.1.4. Die kompetitive Verhandlungsmenge

Wie der Name schon sagt, handelt es sich bei dem von Horowitz entwickelten Lösungskonzept[22] um eine Weiterentwicklung der Verhandlungsmenge von Aumann / Maschler. Der Fortschritt besteht in der Möglichkeit, eine ganze Kette von Einwänden, sog. Multi-Einwände, gleichzeitig zu formulieren, die, falls sie unberechtigt sind, von dem angegriffenen Spieler durch sogenannte Multi-Gegeneinwände entkräftet werden können.

Definition 2.24:

Sei $(x;S)$ individuell-rationale Auszahlungskonfiguration, $k, l \in S_j \in S, Y_1, \dots Y_t$ seien t unterschiedliche Koalitionen, $t \geq 1$, $y^{(1)}, \dots, y^{(t)}$ die zugehörigen Auszahlungsvektoren.

21 Zu diesen Ergebnissen vergleiche auch Selten / Schuster, S. 116-118 (die Argumentation ist hier zwar zum Teil fehlerhaft, die Ergebnisse stimmen jedoch mit den hier gefundenen überein) und Horowitz / Rapoport, p. 166.

22 Vgl. Horowitz, A. D., pp. 265-286.

Die Menge $\{(y^{(1)}; Y_1), (y^{(2)}; Y_2), \ldots, (y^{(t)}; Y_t)\}$ ist *Multi-Einwand* von k gegen l bzgl. $(x; S)$, wenn gilt

(i) $k \in Y_g,\ l \notin Y_g$ für $g = 1, \ldots t$

(ii) $\sum_{i \in Y_g} y_i^{(g)} = v(Y_g)$ für $g = 1, \ldots t$

(iii) $y_k^{(g)} > x_k, y_i^{(g)} \geq x_i$ für alle $i \in Yg$, für $g = 1, \ldots t$.

Für $t = 1$ entspricht der Multi-Einwand einem Einwand gemäß Aumann / Maschler.

Definition 2.25:

Das Paar $(z; Z)$ heißt *Multi-Gegeneinwand* des l gegen den Multi-Einwand des k gegen l bzgl. $(x; S)$, falls gilt

(i) $l \in Z,\ k \notin Z$

(ii) $\sum_{i \in Z} z_i = v(Z)$

(iii) $z_i \geq x_i$ für alle $i \in Z$

(iv) $z_k \geq y_i^{(g)}$ für alle $i \in (Z \cap Y_g),\ g = 1, \ldots t$.

Im Gegensatz zum Multi-Einwand, der aus einer Menge von Auszahlungskonfigurationen besteht, ist ein Multi-Gegeneinwand nichts anderes als ein Gegeneinwand, der sich gleichzeitig gegen eine Menge von Einwänden richtet. Um ihn sprachlich von einem Gegeneinwand bzgl. eines Einwandes zu unterscheiden, sei hier nach Horowitz der Ausdruck „Multi-Gegeneinwand" verwandt. Die Unterscheidung Multi-Gegeneinwand–Gegeneinwand resultiert allein aus der Tatsache, ob ein solcher sich gegen einen Multi-Einwand oder gegen einen Einwand richtet.

Definition 2.26:

Ein Multi-Einwand heißt *berechtigt*, falls kein Multi-Gegeneinwand existiert.

Definition 2.27:

Eine individuell-rationale Auszahlungskonfiguration heißt *$H_1^{(i)}$-stabil*, falls kein berechtigter Multi-Einwand eines Spielers gegen sie existiert.
Die Menge aller $H_1^{(i)}$-stabilen individuell-rationalen Auszahlungskonfigurationen eines Spiels $G = (N, v)$ heißt *kompetitive Verhandlungsmenge $H_1^{(i)}$*.

Ein Multi-Einwand besteht aus einer Kette von Einwänden, die gleichzeitig vorgebracht werden. Ein Multi-Gegeneinwand soll diese gleichzeitig entkräften. Dies ist naturgemäß schwieriger, als wenn man mit einem Vektor antworten könnte, wo jeder Einwand durch einen Gegeneinwand beantwortet würde. Die Konstruktion Multi-Einwand–Multi-Gegeneinwand führt daher dazu, daß die kompetitive Verhandlungsmenge kleiner als die Verhandlungsmenge nach Aumann / Maschler ist. Es gilt, wie Horowitz bewiesen hat,

$$H_1^{(i)} \subseteq M_1^{(i)}$$

Ersetzt man die Anforderung der individuellen Rationalität durch die schärfere der Koalitionsrationalität, so kommt man zur kompetitiven Verhandlungsmenge H_1, und man kann zeigen, daß

$$H_1 \subseteq H_1^{(i)} \text{ gilt.}$$

Das folgende Beispiel, das Apex-Spiel A_1 mit nicht-superadditiver charakteristischer Funktion, soll die Argumentationsweise aufzeigen, die beim Errechnen der kompetitiven Verhandlungsmenge verwandt wird[23].

Beispiel:

$$G = (N, v) \text{ mit } N = \{1, 2, .. 5\}$$

$$v(S) = \begin{cases} 100 & \text{für } S = \{1, i\}, i \in \{2, 3, 4, 5\} \text{ oder } S = \{2, 3, 4, 5\} \\ 0 & \text{sonst} \end{cases}$$

Untersucht werden sollen exemplarisch die Lösungen für die Koalitionsstrukturen $\{\{1, 2\}, \{3, 4, 5\}\}$ und $\{\{1\}, \{2, 3, 4, 5\}\}$.

Behauptung:

$(x;S) = (75, 25, 0, 0, 0;\ \{1, 2\},\ \{3, 4, 5\})$ ist die einzige $H_1^{(i)}$-stabile individuell-rationale Auszahlungskonfiguration für die Koalitionsstruktur $\{\{1, 2\}, \{3, 4, 5\}\}$.

Beweis:

a) Ein Multi-Einwand von 1 gegen 2 bzgl. $(x;S)$ hat die Form

$$\{(y_1^{(1)}, y_3^{(1)}; \{1, 3\}), (y_1^{(2)}, y_4^{(2)}; \{1, 4\}), (y_1^{(3)}, y_5^{(3)}; \{1, 5\})\}$$

---

23 Vgl. Horowitz, A. D. / Rapoport, Am.: Test of the Kernel and Two Bargaining Set Models in Four- and Five-Person-Games, in: Rapoport, An. (ed.): Game Theory as a Theory of Conflict Resolution, Dordrecht-Holland / Boston 1974, pp. 167.

mit $y_1^{(g)} > 75$ für $g = 1, 2, 3$ und daher

$y_i^{(g)} < 25$ für $i = 3, 4, 5, \quad g = 1, 2, 3.$

Dieser Multi-Einwand kann durch Spieler 2 mit dem Multi-Gegeneinwand

$$(0, 25, 25, 25, 25; \{1\}, \{2, 3, 4, 5\})$$

gekontert werden.

Ebenso kann jeder Einwand des 2 (2 verfügt über keine Multi-Einwände) gegen den 1 durch diesen entkräftet werden.

b) Sei $g > 0$

$$(75 - g, 25 + g, 0, 0, 0; \{1, 2\}, \{3. 4. 5\})$$

Man sieht sofort, daß 1 über einen berechtigten Multi-Einwand verfügt, in dem

$$y_3^{(1)}, y_4^{(2)}, y_5^{(3)} > 25.$$

Durch entsprechende Argumentation zeigt man, daß

$$(z; Z) = (0, 25, 25, 25, 25; \{1\}, \{2, 3, 4, 5\})$$

ebenfalls $H_1^{(i)}$-stabil ist. Diese individuell-rationale Auszahlungskonfiguration ist ebenfalls stabil im Sinne von $M_1^{(i)}$, wohingegen diese Verhandlungsmenge für die Koalitionsstruktur $\{\{1, 2\}, \{3, 4, 5\}\}$

$$(x_1, x_2, 0, 0, 0; \{1, 2\}, \{3, 4, 5\}) \text{ mit}$$

$$50 \leq x_1 \leq 75, \; 25 \leq x_2 \leq 50, \; x_1 + x_2 = 100$$

als Lösung liefert.

Die kompetitive Verhandlungsmenge des Apex-Spiels

Zunächst sollen die Lösungen für das schärfere Konzept H_1, das Koalitionsrationalität fordert, gesucht werden. Wie bei der Verhandlungsmenge nach Aumann / Maschler genügt es auch hier, nur koalitionsrationale Auszahlungskonfigurationen mit minimalen Gewinnkoalitionen zu untersuchen.

a) Behauptung:

$$(x; S) = (\frac{n-2}{n-1} c, 0, \ldots 0, \frac{1}{n-1} c, 0, \ldots, 0; \{1, i\}, N - \{1, i\})$$

ist stabil im Sinne von H_1 für alle $i = 2, \ldots, n$.

Beweis:

Der Nachweis folgt exakt dem Beispiel (Apex-Spiel A_1), das bei der Einführung der kompetitiven Verhandlungsmenge besprochen wurde.

b) Ausgehend von der Gewinnkoalition der Base-Spieler erkennt man zunächst, daß jedem dieser Spieler $i = 2, \ldots, n$ nur eine Form des Einwandes zur Verfügung steht, nämlich eine Koalition $\{1, i\}$. Für diese Koalitionsstruktur ist $t = 1$ und somit

$$H_1 (A_2) = M_1 (A_2).$$

Eine koalitionsrationale Auszahlungskonfiguration $(x; S)$ mit

$$(x; S) = (0, x_2, \ldots x_n; \{1\}, \{2, \ldots, n\})$$

ist stabil im Sinne von H_1, wenn

$$x_i = x_j \quad \text{für alle} \quad \{i, j\} \in N - \{1\} \text{ gilt.}$$

Aus den Aussagen a) und b) folgt nun, daß

$$H_1 (A_2) = \{(x_1, \ldots, x_n; S, T) \mid x_1 = \frac{n-2}{n-1} c, \; x_i = \frac{1}{n-1} c,$$

falls

$$S = \{1, i\} \quad \text{für alle} \quad i \in \{2, \ldots, n\};$$

$$x_1 = 0, x_i = \frac{1}{n-1} c \quad \text{für alle} \quad i \in \{2, \ldots, n\}, \text{ falls}$$

$$S = N - \{1\}\} \cup L (H_1 (A_2))$$[24].

Zum Bestimmen von $H_1^{(i)} (A_2)$ genügt es, analog der Vorgehensweise bei $M_1^{(i)}$, die nicht-minimalen Gewinnkoalitionen und die Koalition der Base-Spieler auf stabile Auszahlungskonfigurationen hin zu prüfen.

1. Sei $(x; S) = (0, x_2, \ldots x_n; \{1\}, \{2, \ldots, n\}\}$ mit $\sum_{i=2}^{n} x_i = c$.

   Im Gegensatz zu H_1 besitzt jeder Spieler $i \in \{2, \ldots n\}$ die Möglichkeit, einen Multi-Einwand bzgl. $(x; S)$ gegen einen Spieler $j \in \{2, \ldots, n\}, j \neq i$ zu formulieren:

$$\{(y_1^{(1)}, y_i^{(1)}; \{1, i\}, N - \{1, i\}), (y_1^{(2)}, y_i^{(2)}, y_k^{(2)};$$

24 Vgl. Horowitz / Rapoport, p. 166.

$$\{1, i, k\}, N - \{1, i, k\}), \ldots . (y_1^{(n-2)}, y_i^{(n-2)}, \ldots ,$$

$$y_z^{(n-2)}; N - \{j\}, \{j\})\}$$

wobei $j \neq i, k, \ldots , z$.

Dieser Multi-Einwand ist nur dann nicht berechtigt, wenn

$$\max_g \; y_1^{(g)} + x_j \leq c .$$

Da in jedem Einwand, der im Multi-Einwand liegt, die Summe aller Auszahlungen gleich c ist, kann o.B.d.A. angenommen werden, daß

$$y_1^{(1)} = \max_g y_1^{(g)}.$$

Somit ist der Multi-Einwand nicht berechtigt, falls

$$y_1^{(1)} + x_j \leq c$$

$$\Leftrightarrow c - y_i^{(1)} \leq c - x_j$$

$$\Leftrightarrow \quad x_j \leq y_i^{(1)}.$$

Dies ist aber nur dann gewährleistet, wenn

$$x_j = x_i .$$

Die Menge $H_1^{(i)} (A_2)$ läßt als stabile Auszahlungskonfiguration mit Koalitionsstruktur $\{\{1\}, \{2, \ldots , n\}\}$ nur die Gleichaufteilung unter den Base-Spielern zu.

2. Sei $(x; B) = (x_1, \ldots x_n; \; S, T)$ mit

S, T Zerlegung von N, $1 \in S$,

$x_i \geq 0$ für alle $i \in S$

$x_i = 0$ für alle $i \in T, |S| = s$.

Behauptung: $(x; B)$ ist stabil für

$$x_1 = \frac{n-2}{n-1} c, \; x_i = \frac{c}{(s-1)(n-1)}$$

für $i \in S - \{1\}$, $x_i = 0$ sonst.

Der Beweis der Behauptung für x_1 folgt exakt der Überlegung, die bei dem der Einführung der kompetitiven Verhandlungsmenge nachgestellten Beispiel (Apex-Spiel A_1) dargelegt wurde.

Somit erhält man $H_1^{(i)}(A_2)$ als

$$H_1^{(i)}(A_2) = \{(x_1, \ldots, x_n;\ S, T) \mid S, T \text{ Zerlegung von } N,$$

$$S \text{ Gewinnkoalition, } x \text{ Imputation;}$$

$$x_i = x_j \qquad \text{für alle } \quad i, j \in S - \{1\},$$

$$x_1 = \frac{n-2}{n-1} c, \quad \text{falls } 1 \in S, \ 0 \text{ sonst}\}$$

$$\cup\, L\,(H_1^{(i)}(A_2))^{25}.$$

Vergleicht man diese Ergebnisse mit denen der entsprechenden Verhandlungsmengen nach Aumann / Maschler, so kann man folgende Aussage treffen: Enthält die Gewinnkoalition den Apex, so ist die kompetitive Verhandlungsmenge jene Teilmenge der Verhandlungsmenge, die sich durch maximale Differenz der Auszahlungen des Apex- und der Base-Spieler in der Gewinnkoalition auszeichnet.

2.3.2.1.5. Der Kernel

Der Kernel als Lösungskonzept für kooperative n-Personen-Spiele mit Seitenzahlungen geht auf Davis / Maschler zurück[26].

Die Idee des Kernels beruht auf dem Gedanken, daß alle Spieler in einer aktuellen Koalition den gleichen Anreiz haben sollten, in eine andere, ihnen mehr versprechende Koalition zu wechseln. Daß dies nicht geschieht, liegt zum einen daran, daß keiner einen höheren Anreiz hat als ein anderer, zum anderen an der Gefahr, beim Verlassen der aktuellen Koalition allein, d.h. mit Auszahlung 0, zu sein, weil andere Spieler eine neue Gewinnkoalition gebildet haben.

Man geht wiederum aus von einer Auszahlungskonfiguration $(x;S)$ und nimmt an, daß

$$\nu(\{i\}) = 0$$

$$\nu(S_i) \geq 0 \quad \text{f.a. Koalitionen } S_i \in S$$

---

25 Zu diesem Ergebnis vgl. Horowitz (1973), p. 265, sowie Horowitz / Rapoport, p. 166.

26 Davis, M. / Maschler, M.: The Kernel of a Cooperative Game, Naval Research Logistics Quarterly 12, 1965, pp. 223-259.

$$x_i \geq 0 \quad i = 1, \ldots n$$

$$\sum_{i \in S_j} x_i \geq v(S_j).$$

Die Überlegungen einiger Spieler zielen nun auf eine neue Koalition T und sie vergleichen deren Auszahlung mit der aktuellen Auszahlung bzgl. $(x; S)$.

Definition 2.28:

$e(T) = v(T) - \sum_{i \in T} x_i$ heißt *Exzess* von T bzgl. $(x; S)$.

Im folgenden sollen jeweils zwei Spieler l und k betrachtet werden, und als Mengen T sollen nur diejenigen untersucht werden, die zwar den k, nicht aber den l enthalten.

Definition 2.29:

$s_{k,l} = \max \{e(T) \mid T \subset N, \ k \in T, \ l \notin T\}$ heißt *maximaler Exzess* oder maximaler Überschuß des k gegenüber l.

Auf gleiche Art legt man $s_{l,k}$ fest. Man kommt dann zu folgender Definition:

Definition 2.30:

Zwei Spieler l, k sind im *Gleichgewicht*, wenn eine der drei Bedingungen erfüllt ist:

(i) $s_{l,k} = s_{k,l}$

(ii) $s_{k,l} > s_{l,k}$ und $x_l = 0$

(iii) $s_{l,k} > s_{k,l}$ und $x_k = 0$.

Definition 2.31:

Der *Kernel* $K(N, v)$ eines kooperativen Spiels (N, v) ist die Menge $K(N, v) = \{(x; S)$ individuell-rationale Auszahlungskonfiguration $\mid$ für alle $l \neq k$, $l, k \in S_j \in S$, $j = 1, \ldots, m$ gilt: l und k sind im Gleichgewicht.$\}$

Man kann sagen, daß der Kernel stets nicht leer und Teilmenge des Verhandlungsbereiches $M_1^{(i)}$ ist[27]. Eine andere Definition des Kernels, die die bei kooperativen Spielen mit Seitenzahlungen vorausgesetzte interpersonelle Ver-

---

[27] Vgl. Rapoport, An.: N-Person Game Theory – Concepts and Applications, Ann Arbor, Michigan, 1970, p. 128.

gleichbarkeit der Nutzen vermeiden kann, haben Maschler, Peleg und Shapley gegeben[28]. Darauf soll hier nicht eingegangen werden. Das folgende Beispiel, das schon die Bestimmung der kompetitiven Verhandlungsmenge illustrierte, soll das Errechnen des Kernels veranschaulichen:

Beispiel:

Apex-Spiel A_1 mit $n = 5$ und $v(S) = 100$ für $S = \{1, i\}$, $i = 2, \ldots, 5$ bzw. $S = \{2, 3, 4, 5\}$.
Zum einen ist hier sofort zu sehen, daß die Auszahlungskonfiguration $(0, 25, 25, 25, 25; \{1\}, \{2, 3, 4, 5\})$ stabil im Sinne des Kernels ist.
Aufgrund dieser Symmetrie der Base-Spieler genügt es auch, stabile Auszahlungskonfigurationen für die Koalitionsstruktur $\{\{1, 2\}, \{3, 4, 5\}\}$ zu suchen.
Gesucht sind x_1, x_2 in der Auszahlungskonfiguration $(x_1, x_2, 0, \ldots, 0; \{1, 2\}, \{3, \ldots, n\})$ derart, daß die Spieler 1 und 2 im Gleichgewicht sind.
Schon aus der Definition der Auszahlungskonfiguration (2.8) folgt, daß nicht $x_1 = 0$ und $x_2 = 0$ gleichzeitig gelten kann. Daher gilt

$$100 - x_1 = 100 - x_2$$

$$\Rightarrow \quad x_1 = x_2 \,.$$

Daraus erhält man sofort:

$$\begin{aligned} K(A_1) = \{ & (50, 50, 0, 0, 0); \{1, 2\}, \{3, 4, 5\}), \\ & (50, 0, 50, 0, 0); \{1, 3\}, \{2, 4, 5\}), \\ & (50, 0, 0, 50, 0); \{1, 4\}, \{2, 3, 5\}), \\ & (50, 0, 0, 0, 50); \{1, 5\}, \{2, 3, 4\}), \\ & (0, 25, 25, 25, 25); \{1\}, \{2, 3, 4, 5\})\} \end{aligned}$$

Der Kernel des Apex-Spiels

Die Bedingungen (ii) bzw. (iii) der Definition 2.30 können im Apex-Spiel nie erfüllt sein:

$$\text{Sei } x_k = 0 \;,\; x_l \geq 0 \;\Rightarrow$$

$$s_{l,k} \quad = c - (x_1 + x_l) \leq c - x_1 = s_{k,l}$$

[28] Vgl. Maschler, M. / Peleg, B. / Shapley, L. S.: The Kernel and the Nucleolus of a Cooperative Game as Locuses in the Strong ϵ-Core, RPGTME RM 60, Department of Mathematics, Hebrew University of Jerusalem, 1970, zitiert nach Horowitz / Rapoport, p. 166.

Zwei Base-Spieler i, j in einer Gewinnkoalition können also nur im Gleichgewicht sein, wenn ihre maximalen Exzesse oder Überschüsse gleich sind. Als nächstes soll gezeigt werden, daß dies nur möglich ist, wenn für die Base-Spieler die Auszahlungen in der im Sinne des Kernels stabilen Auszahlungskonfigurationen gleich sind.

Seien $i, j \in \{2, \ldots, n\}$.

$$s_{i,j} = c - (x_1 + x_i)$$

$$s_{j,i} = c - (x_1 + x_j)$$

$$s_{i,j} = s_{j,i} \Leftrightarrow x_i = x_j$$

Um die Auszahlung des Apex-Spielers zu bestimmen, sollen getrennt die Gewinnkoalitionen N und $S \subsetneqq N$ betrachtet werden.

a) Sei $(x; B) = (x_1, \ldots x_n; N)$ mit $x_2 = x_3 = \ldots = x_n$, $\sum_{i=1}^{n} x_i = c$

$$s_{1,i} = c - (x_1 + x_j) \quad i, j \in \{2, \ldots, n\} \quad i \neq j$$

$$s_{i,1} = c - \sum_{k=2}^{n} x_k = c - (c - x_1) = x_1$$

$$s_{1,i} = s_{i,1} \Leftrightarrow x_1 = \frac{c - x_i}{2} \quad \text{für } i = 2, \ldots n$$

Da $x_1 + (n-1)\, x_i = c$, folgt

$$x_1 = \frac{(n-2)\, c}{2n - 3}$$

$$x_i = \frac{c}{2n - 3} \quad \text{für } i = 2, \ldots n$$

b) Sei $(x; B) = (x_1, \ldots x_n; S, T)$

S, T Zerlegung von $N, T \neq \emptyset$

$x_i \geq 0$ falls $i \in S$, $x_i = 0$ falls $i \in T$

$x_i = x_j$ für alle $i, j \in S - \{1\}, |S| = s$

$s_{1,i} = c - x_1$ da 1 eine Koalition mit genau einem Mitglied aus T eingehen kann.

$$s_{i,1} = c - (s-1)\,x_i = c - (c - x_1) = x_1$$

$$s_{1,i} = s_{i,1} \Leftrightarrow x_1 = \frac{c}{2}$$

$$x_i = \frac{c}{2\,(s-1)} \quad \text{für} \quad i \in S - \{1\}$$

Somit ergibt sich der Kernel des Apex-Spiels A_2 zu:

$$K(A_2) = \Big\{(x;B) = (x_1, \ldots x_n;\ S, T) \;\Big|$$

$$x_1 = \frac{(n-2)\,c}{2n-3},\ x_i = \frac{c}{2n-3} \quad \text{falls} \quad S = N,$$

$$x_1 = \frac{c}{2},\ x_i = \frac{c}{2\,(s-1)}, \quad \text{falls} \quad S \subsetneqq N,$$

$$|S| = s,\ i \in S - \{1\}\Big\} \cup L\,(K\,(A_2))^{29}.$$

Der Kernel ist Teilmenge der Verhandlungsmenge nach Aumann / Maschler. Für das Apex-Spiel erkennt man, daß in diesem Rahmen der Kernel die Differenz zwischen der Auszahlung des Apex-Spielers und der der Base-Spieler in der Gewinnkoalition minimiert.

2.3.2.2. Wertfunktionen

2.3.2.2.1. Allgemeines

Wertfunktionen geben im Gegensatz zu den Stabilitätsmengen genau einen Zahlenwert für jeden Spieler in einem kooperativen Spiel an, sie erzeugen als Lösung des Spiels somit einen n-Vektor.

Je größer eine Stabilitätsmenge als Lösung eines Spiels ist, um so eher wird auch ein Verhandlungsergebnis in dieser Menge liegen. Auf der anderen Seite kann man nicht erwarten, daß ein Verhandlungsergebnis genau den Lösungsvektor, den eine Wertfunktion vorschreibt, trifft. Es ist daher immer sinnvoller, den Durchschnitt der Ergebnisse vieler Verhandlungen mit der Lösung gemäß einer Wertfunktion zu vergleichen.

Ein solches Vorgehen wird auch durch die Tatsache gefordert, daß Stabilitätsmengen explizite Angaben für unterschiedliche Gewinnkoalitionen machen können. Wertfunktionen geben für jeden Spieler nur genau einen Auszahlungswert an. Man kann Wertfunktionen daher auch so interpretieren, daß sie die

---

[29] Zum Kernel des Apex-Spiels vergleiche auch: Selten / Schuster, S. 119, sowie Horowitz / Rapoport, p. 166.

Verhandlungsstärke eines Spielers, seine Möglichkeit, das Verhandlungsergebnis zu beeinflussen, widerzuspiegeln versuchen.

Im folgenden sollen drei der bekanntesten Wertfunktionen, der Shapley-Wert, der Banzhaf-Index und der Nucleolus vorgestellt werden.

2.3.2.2.2. Der Shapley-Wert

Der Shapley-Wert war das erste Lösungskonzept eines kooperativen n-Personen-Spiels mit Seitenzahlungen, das keine Menge von Vektoren, sondern ein einziges n-Tupel als Lösung des Spiels erzeugte[30].

Shapley beschränkte sich ausdrücklich auf wesentliche Spiele (d.h. mit superadditiver charakteristischer Funktion)[31], wohingegen Dubey zeigte, daß diese nicht nötig ist. In einem neuen Beweis wies er die Gültigkeit von Shapleys Theorem für die Klasse aller kooperativen Spiele mit Seitenzahlungen über der Spielermenge N nach[32].

Shapleys Ansatz ist axiomatischer Natur und bedarf zunächst dreier Definitionen.

Definition 2.32:

Sei $G = (N, v)$ ein Spiel in charakteristischer Funktionsform mit Seitenzahlungen. Als *Träger* von v sei jede Menge $T \subseteq N$ bezeichnet, für die

$$v(S) = v(T \cap S)$$

für alle $S \subseteq N$ gilt.

In einem Spiel G sind also nur die Spieler, die sich in einem Träger befinden, wirklich entscheidend. Ist ein Spieler nicht in einem Träger, so ist es völlig unwesentlich, ob er einer Koalition beitritt oder nicht.

Jede Obermenge eines Trägers von v ist wiederum Träger von v.

Definition 2.33:

Für ein Spiel $G = (N, v)$ sei $\pi(N)$ die Menge aller Permutationen π mit

$$\pi : N \to N$$

$$i \mapsto \pi(i)$$

30 Vgl. Shapley, L. S.: A Value for n-Person-Games, in: Contributions to the Theory of Games, Vol. II, ed.: Kuhn, H. W. / Tucker, A. W., Annals of Mathematic Studies 28, Princeton 1953, pp. 307-317.

31 Vgl. Shapley, p. 308.

32 Vgl. Dubey, P.: On the Uniqueness of the Shapley-Value, in: International Journal of Games Theory, Vol. 4, Wien 1975, pp. 131-139.

Die durch die Anwendung der Permutation π entstehende neue *charakteristische Funktion* πv ist dann gegeben durch

$$\pi v (\pi S) = v (S)$$

für alle $S \subseteq N$.

π bewirkt nichts anderes als eine Umnumerierung der Spieler. πS ist dann die Spielermenge, die vor Anwendung von π in S war. Die charakteristische Funktion πv hat zur Folge, daß durch die Umnumerierung die Werte der ursprünglichen Koalitionen nicht verändert werden.

Definition 2.34:

Für $G_1 = (N, v_1)$ und $G_2 = (N, v_2)$ sei das *Spiel* $G = (N, v_1 + v_2)$ definiert durch

$$(v_1 + v_2)(S) = v_1 (S) + v_2 (S)$$

für alle $S \subseteq N$.

Das Spiel $G = (N, v_1 + v_2)$ wird aus den Spielen G_1 und G_2 gebildet, indem für jede Koalition $S \subseteq N$ die Summe ihrer charakteristischen Funktionswerte gemäß v_1 und v_2 gebildet wird. Diese Summe bestimmt dann die charakteristische Funktion $v_1 + v_2$ des zusammengesetzten Spiels G.

Definition 2.35:

Sei C die Menge aller kooperativen n-Personen-Spiele mit Seitenzahlungen. Eine Funktion $\emptyset$ mit

$$\emptyset : C \quad \rightarrow \mathrm{IR}^n$$

$$(N, v) \mapsto \emptyset (N, v) \text{ wobei}$$

$$\emptyset (N, v) = (\emptyset_1 (N, v), \ldots, \emptyset_n (N, v))$$

heißt *Wertfunktion*.
$\emptyset (N, \mathrm{v})$ ist dann der (Auszahlungs-)Wert des Spielers i im Spiel (N, v).

Eine Wertfunktion ordnet jedem Spiel (N, v) einen Auszahlungsvektor zu, der Element der Imputationsmenge des Spiels ist (vgl. Def. 2.10).

Satz 2.36:

Sei C die Menge aller kooperativen n-Personen-Spiele mit Seitenzahlungen. Dann gibt es genau eine Wertfunktion $\emptyset$, die den folgenden Axiomen $S_1 - S_3$ genügt:

S_1: T ist Träger von $G \Rightarrow \sum_{i \in T} \phi_i (N, v) = v(T)$

S_2: $\pi \in \pi(N) \Rightarrow \phi_{\pi(i)} (N, \pi v) = \phi_i (N, v)$ für alle $i \in N$

S_3: Für alle $G_1 = (N, v_1)$, $G_2 = (N, v_2)$ gilt:

$$\phi_i (N, v_1 + v_2) = \phi_i (N, v_1) + \phi_i (N, v_2)$$

ϕ ist gegeben durch

$$\phi_i (v) = \sum_{S \subseteq T} \frac{(s-1)!\,(n-s)!}{n!} \left(v(S) - v(S - \{i\})\right)$$

für alle $i \in N$, wobei T ein endlicher Träger von v ist.

Auf den Beweis soll hier nicht eingegangen werden. Er findet sich bei Shapley[33] und in verallgemeinerter Form bei Dubey[34].

S_1 wird als Effektivitätsaxiom bezeichnet und stellt sicher, daß die Aufteilung gemäß ϕ das Spiel ausschöpft.

S_2 heißt Symmetrieaxiom und besagt, daß die Wertzuweisung von unwesentlichen Eigenschaften der Spieler, insbesondere ihrer Numerierung, unabhängig ist.

S_3 als Additivitätsaxiom fordert, daß die Werte für einen Spieler $i \in N$, die er gemäß ϕ in den Spielen G_1 und G_2 zugemessen bekommt, nicht dadurch verändert werden, daß die Spiele zu einem Spiel G zusammengesetzt werden. Es ist für jeden $i \in N$ völlig unerheblich, ob G_1 und G_2 unabhängig voneinander durchgeführt werden, oder ob sie zu einem neuen Spiel zusammengesetzt werden.

Die Berechnungsformel von $\phi_i (v)$ kann folgendermaßen interpretiert werden:

Man nimmt an, daß alle $n!$ Permutationen der Spielermenge N gleich wahrscheinlich sind. Gemäß jeder möglichen Permutation π wird die Koalition N gebildet, wobei jedem Spieler i der Betrag $v(S) - v(S - \{i\})$ zugemessen wird, den er der Koalition $S - \{i\}$ zusätzlich bringt. Beachtet man, daß nach dieser Interpretation $s - 1$ Spieler vor und $n - s$ Spieler nach dem i in die Koalition eintreten, und die Wahrscheinlichkeiten für die verschiedenen Zusammensetzungen und Reihenfolgen jeweils als gleich angesehen werden, so findet man zu der in Satz 2.36 angegebenen Berechnungsformel.

Ein sehr bekanntes Beispiel, das die typische Argumentation beim Errechnen des Shapley-Wertes bei mehreren a priori symmetrischen Spielern veran-

[33] Vgl. Shapley, pp. 309-312.

[34] Vgl. Dubey, pp. 132-134.

schaulicht, findet man bei Lucas[35]. Er berechnete den Shapley-Wert für den Sicherheitsrat der Vereinten Nationen und kam zu verblüffenden Ergebnissen.

Trotz der scheinbar einfachen Formulierung kann die Berechnung des Shapley-Wertes große Mühen bereiten, wenn die Spielerzahl hoch und die Spieler nicht symmetrisch sind. Dann ist es nötig, sich spezieller mathematischer Näherungsmethoden zu bedienen[36].

Der Shapley-Wert des Apex-Spiels

Der Ausdruck $v(S) - v(S - \{i\})$ kann im Apex-Spiel A_2 nur die Werte c oder 0 annehmen. Da der Shapley-Wert den Base-Spielern wegen des Symmetrieaxioms S_2 gleiche Werte zuweist, genügt es, einen Base-Spieler $i \in N - \{1\}$ zu betrachten.

Es gibt $(n-2)!$ Möglichkeiten, die große Koalition N so zu bilden, daß Spieler 1 an erster, Spieler i an zweiter Stelle steht, und ihm der Wert c zugewiesen wird. Ebenso gibt es $(n-2)!$ Möglichkeiten, in denen 1 Spieler an letzter und i an vorletzter Stelle steht und wiederum c erhält. Daher ergibt sich

$$\phi_i(A_2) = \frac{2(n-2)!}{n!}\, c = \frac{2c}{n(n-1)} \quad \text{f.a.} \quad i \in \{2, \ldots n\}$$

Da $\sum_{i=1}^{n} \phi_i(A_2) = c$ gilt,

folgt $$\phi_1(A_2) = c - \frac{2c(n-1)}{n(n-1)} = \frac{(n-2)c}{n}$$

$$\phi\ (A_2) = \left(\frac{n-2}{n}\, c,\ \frac{2}{n(n-1)}\, c, \ldots,\ \frac{2}{n(n-1)}\, c\right)^{37}$$

ist der Shapley-Wert des Apex-Spiels A_2. Wie man sich leicht überlegt, unterscheidet der Shapley-Wert nicht zwischen dem Apex-Spiel A_1, das nur die minimalen 2-Personen-Gewinnkoalitionen $\{1, i\}$ sowie die Koalition der Base-Spieler zuläßt und dem Apex-Spiel A_2, dem in dieser Arbeit mehr Beachtung zuteil wird und das auch nicht-minimale Gewinnkoalitionen zuläßt.

---

35 Vgl. Lucas, W.: Measuring Power in Weighted Voting Systems, in: Case Studies in Applied Mathematics; Mathematical Association of America, 1976, pp. 58.

36 Vgl. Mann, I. / Shapley, L. S.: Die a priori-Abstimmungsstärke im Wahlmännerkollegium, in: Spieltheorie und Sozialwissenschaften, Hamburg 1965, S. 158-169.

37 Vgl. auch die Ergebnisse von Selten / Schuster, S. 114/115.

2.3.2.2.3. Der Banzhaf-Index

Der Banzhaf-Index wurde eingeführt, um die Macht eines Abstimmungsberechtigten, eine Abstimmung in seinem Sinne zu beeinflussen, messen zu können. Banzhaf[38] betrachtete in seinem grundlegenden Aufsatz den einzelnen Spieler als unabhängigen Handelnden, der sich bezüglich der Abstimmung zwischen „ja" und „nein" entscheidet. Banzhaf betrachtet dann Gewinnkoalitionen, die durch Wechsel des Abstimmungsverhaltens mindestens eines Spielers zu Verlustkoalitionen werden. Ein solcher Spieler wird als „swinger" bezeichnet. Die Anzahl aller möglichen swinger-Positionen eines Spielers ins Verhältnis gesetzt zu der Zahl aller swinger-Positionen in einem Spiel, ist dann der Banzhaf-Index β_i des Spielers i. Der Banzhaf-Index β des gewichteten Majoritätsspiels M ist dann der Vektor[39]

$$\beta(M) = (\beta_1(M), \ldots, \beta_n(M)).$$

Der Banzhaf-Index ist nicht allgemein für Spiele in charakteristischer Funktionsform mit Seitenzahlungen definiert, da hier mehrere disjunkte Gewinnkoalitionen möglich sind. Ein Umdefinieren wäre in vielfältiger Weise möglich, indem die Zahl der Swingerpositionen eines Spielers i in irgendeiner Form mit der Auszahlungsänderung für eine Koalition $S - \{i\}$, die durch Beitritt des i zustande kommt, gewichtet wird.

Hier soll darauf verzichtet werden, da

1. viele verschiedene Ansätze möglich und damit gegeneinander abzuwägen sind,
2. das Apex-Spiel als gewichtetes Majoritätsspiel geschrieben werden kann, und somit eine erweiterte Definition des Banzhaf-Index zum Ziel dieser Arbeit nichts beitragen könnte.

Die Berechnung des Banzhaf-Index erfolgt im allgemeinen über das explizite Aufschreiben aller Kombinationen von Ja-Nein-Stimmen, die swinger-Positionen enthalten. Zu Hilfe kommt hierbei nur die Tatsache, daß der Banzhaf-Index, ebenso wie der Shapley-Wert, Spielern mit gleichen Stimmgewichten auch den gleichen Wert zumißt.

Der Banzhaf-Index des Apex-Spiels

Für die n Spieler des Apex-Spiels gibt es 2^n mögliche verschiedene Koalitionen. Dies sind für Banzhaf 2^n Kombinationen von Ja-Nein-Stimmen. Für

---

[38] Vgl. Banzhaf, J.: Weighted Voting Doesn't Work: A Mathematical Analysis, Rutgers Law Review, Vol. 19, 1965, pp. 317-343.

[39] Zum gewichteten Majoritätsspiel vgl. die ausführliche Besprechung im folgenden Kapitel (Def. 2.39 und 2.40).

alle Base-Spieler, denen der Banzhaf-Index per definitionem den gleichen Wert zuweist, gibt es nur genau 2 swinger-Positionen für jeden Base-Spieler i. Zum einen ist das die Kombination, in der nur der Apex und i zustimmen, alle anderen nicht, und zum anderen die Koalition aller Base-Spieler als „Ja-Sager" und des Apex-Spielers als „Nein-Sager".

Der Apex-Spieler ist „Ja-Sager" in 2^{n-1} Fällen, und nur in den beiden Kombinationen, in denen alle Spieler bzw. er allein zustimmen, ist er nicht swinger. Für den Apex-Spieler erhält man somit $2^{n-1} - 2$ swinger-Positionen.

Die Anzahl der swinger-Positionen ist also insgesamt

$$2^{n-1} - 2 + (n-1)\, 2 = 2\,(n + 2^{n-2} - 2)$$

Da jeder swinger den Wert c zugewiesen bekommt, ergibt sich der Banzhaf-Index zu

$$\beta\,(A_2) = \left(\frac{2^{n-2} - 1}{n + 2^{n-2} - 2}\, c,\ \frac{1}{n + 2^{n-2} - 2}\, c, \ldots, \frac{1}{n + 2^{n-2} - 2}\, c\right)$$

Im hier relevanten Bereich von $n \geqq 4$ stimmen Shapley-Wert und Banzhaf-Index nur für $n = 4$ überein. Für $n > 4$ gilt immer, wie man leichter nachrechnet

$$\phi_1\,(A_2) < \beta_1\,(A_2) \text{ bzw. } \phi_i\,(A_2) > \beta_i\,(A_2) \text{ für } i = 2, \ldots, n$$

d.h. im allgemeinen bewertet der Banzhaf-Index den Apex höher, die Base-Spieler geringer als der Shapley-Wert.

2.3.2.2.4. Der Nucleolus

Dem Nucleolus nach Schmeidler[40] liegt eine gänzlich andere Idee zugrunde als den übrigen Wertfunktionen, die zur Lösung eines kooperativen n-Personen-Spiels beitragen, dem Shapley-Wert und dem Banzhaf-Index.

Ausgehend von den 2^n möglichen Teilmengen der Spielermenge N versucht der Nucleolus, die größte Unzufriedenheit, die eine Teilmenge S mit dem möglichen Auszahlungsvektor hat, zu minimieren, dann wird die zweithöchste Unzufriedenheit minimiert usw. Als Grad der Unzufriedenheit wird hierbei der vom Konzept des Kernels bekannte Exzess $e\,(S, x) = v\,(S) - \sum_{i \in S} x_i$ benutzt.

---

40 Vgl. Schmeidler, D.: The Nucleolus of a Characteristic Function Game, in: SIAM Journal of Applied Mathematics, 17, 6, 1969, pp. 1163-1170.

Dazu konstruiert man zu jedem Auszahlungsvektor $x \in \mathbb{R}^n$ den Vektor aller möglichen Exzesse $q(x) \in \mathbb{R}^{2^n}$, für den

$$q(x) = (q_1(x), \ldots, q_{2^n}(x)) \text{ mit}$$

$$q_1(x) \geq q_2(x) \geq \ldots \geq q_{2^n}(x) \text{ gilt.}$$

Das Konzept des Nucleolus vergleicht die Auszahlungsvektoren über ihre Exzess-Vektoren.

Definition 2.37:

$q(x), q(y) \in \mathbb{R}^{2^n}$

$q(x)$ ist *lexikographisch* größer als $q(y)$, wenn es ein i, $1 \leq i \leq 2^n$, gibt, so daß für $k = 1, \ldots, i-1$ stets $q_k(x) = q_k(y)$ und $q_i(x) > q_i(y)$ gilt.
Man schreibt dann: $q(x) \underset{L}{>} q(y)$.

Definition 2.38:

$N(N, v) = \{x = (x_1, \ldots, x_n) \mid$ Es ergibt kein $y \in I(N, v)$ mit $q(y) \underset{L}{<} q(x)\}$ heißt *Nucleolus* des Spiels $G = (N, v)$.

Der Exzess $e(S, x)$ kann als Maß für den Widerstand der Koalition S gegen den Auszahlungsvektor x angesehen werden. Das Konzept des Nucleolus beruht nun auf dem Gedanken, den größten Widerstand mit höchster Priorität zu minimieren. Unter all den Vektoren, die dies leisten, werden dann diejenigen ausgewählt, die den zweithöchsten Widerstand minimieren usw.

Es läßt sich beweisen, daß $|N(N, v)| = 1$ gilt[41]. Ebenso kann man zeigen, daß der Nucleolus im Kernel eines Spiels liegt und ebenso im Kern, falls dieser nicht leer ist.

Die Berechnung des Nucleolus ist ein Minimierungsproblem. Auf dessen Ablauf soll hier allerdings nicht näher eingegangen werden, da zur Berechnung des Nucleolus des Apex-Spiels hierauf nicht zurückgegriffen zu werden braucht. Vielmehr werden bestimmte Eigenschaften des Nucleolus hierzu herangezogen.

Der Nucleolus des Apex-Spiels

Die explizite Berechnung des Nucleolus ist verhältnismäßig aufwendig. Daher soll an dieser Stelle mit Hilfe zweier besonderer Eigenschaften dieses Lösungskonzeptes seine Lösung des Apex-Spiels A_2 gefunden werden. Zum einen

---

41 Vgl. Kohlberg, E.: On the Nucleolus of a Characteristic Function Game, in: SIAM Journal of Applied Mathematics, Vol. 20, No. 1, 1971, pp. 62-65.

weist der Nucleolus in einem gewichteten Majoritätsspiel einen direkten Bezug zum Vektor der Gewichte w_i auf. Die andere Eigenschaft ist die Tatsache, daß der Nucleolus Teilmenge des Kernel ist.

Definition 2.39:

Ein *gewichtetes Majoritätsspiel* $[q; w_1, \ldots, w_n]$ ist ein kooperatives Spiel $G = (N, v)$ in charakteristischer Funktionsform mit Seitenzahlungen, für das gilt:

$$v(S) = \begin{cases} c, \text{ falls } \sum\limits_{i \in S} w_i \geq q \\ 0 \text{ sonst} \end{cases}$$

q heißt *Quote*, $w_i, i = 1, \ldots, n$, heißen *Stimmgewichte* der Spieler i, $i = 1, \ldots, n$[42].

Definition 2.40:

Ein gewichtetes Majoritätsspiel (N, v) mit $[q; w_1, \ldots, w_n]$ heißt *strikt*, wenn für alle $S \subseteq N$ gilt $v(S) = c \Leftrightarrow v(N - S) = 0$.

Die neu eingeführten Begriffe erklären sich wohl am einfachsten durch die Anwendung auf das Apex-Spiel.

Das Apex-Spiel in der hier betrachteten Form mit der Möglichkeit, nicht-minimale Gewinnkoalitionen zu bilden, läßt sich als striktes Majoritätsspiel darstellen, da

$$v(S) = c \left\{ \begin{array}{ll} \text{entweder } |S| > 1, & 1 \in S \\ \text{oder} & S = N - \{1\} \end{array} \right\} \Leftrightarrow$$

$$\Leftrightarrow \left\{ \begin{array}{l} \text{entweder } N - S \subsetneqq \{2, \ldots, n\} \\ \text{oder } N - S = \{1\} \end{array} \right\} \Leftrightarrow v(N - S) = 0$$

Als Gewichte w_i setzt man für die Base-Spieler zweckmäßigerweise 1 an, woraus sofort $q = n - 1$ und $w_1 = n - 2$ folgen. Das gewichtete Majoritätsspiel (N, v) mit

$$[n - 1; \; n - 2, \; 1, \ldots 1]$$

repräsentiert somit das Apex-Spiel.

Satz 2.41:

In einem strikten gewichteten Majoritätsspiel (N, v) mit $[q; w_1, \ldots w_n]$ ist der Nucleolus $\mathcal{N}(N, v)$ ein repräsentierender Gewichtsvektor, d.h. für

42 Vgl. Lucas, W., pp. 42-106.

$x \in N(N, v)$ gilt:

$$\sum_{i \in S} x_i > \sum_{i \notin S} x_i \Leftrightarrow \sum_{i \in S} w_i > \sum_{i \notin S} w_i$$

$$\text{und} \quad \sum_{i \notin S} x_i \neq \sum_{i \in S} x_i \quad \text{für alle } S \subseteq N^{43}.$$

Nun setzt man einfach

$$x_i = \frac{w_i}{\sum_{i=1}^{n} w_i} c \quad \text{für } i = 1, \ldots, n$$

bzw.

$$x = \left(\frac{n-2}{2n-3} c, \frac{c}{2n-3}, \ldots, \frac{c}{2n-3}\right)$$

x liegt im Kernel des Apex-Spiels A_2, und ist hierin das einzige Element, daß allen Mitgliedern der großen Koalition N einen positiven Wert zuweist. Da auch der Nucleolus die Symmetrieeigenschaft der Base-Spieler berücksichtigt, folgt

$$N(A_2) = \left\{\left(\frac{n-2}{2n-3} c, \frac{1}{2n-3} c, \ldots, \frac{1}{2n-3} c\right)\right\}$$

Der Nucleolus bewertet also unter allen Wertfunktionen, die hier vorgestellt wurden, die Position des Apex-Spielers am niedrigsten. Während Shapley-Wert und Banzhaf-Index des Apex-Spielers mit wachsendem n gegen c streben, ist dieser Grenzwert beim Nucleolus $c/2$.

2.3.3. Positive Ansätze

2.3.3.1. Equal Share Analysis nach Selten

Auch Selten[44] geht davon aus, daß sich das Ergebnis eines charakteristischen Funktionsspiels mit Seitenzahlungen durch Angabe der Koalitionsstruktur und des zugehörigen Auszahlungsvektors angeben läßt. Drei Gedanken umreißen dann das Konzept der equal share analysis:

1. Es wird eine starke Tendenz bestehen, eine Koalitionsstruktur zu bilden, die es nicht erlaubt, daß ein Zusammenschluß von Koalitionen zu einer größeren Koalition zu einer höheren Auszahlung für deren Mitglieder führt.

---

[43] Zum Beweis vgl. Peleg, B.: On weights of constant-sum majority games, SIAM Journal of Applied Mathematics, 16 (1968), pp. 527-532.

[44] Vgl. Selten, R.: Equal Share Analysis, in: Contributions to Experimental Economics, Vol. III, H. Sauermann (ed.), Tübingen 1972, pp. 130-165.

2. Die neue Idee des Gleichaufteilungskerns (equal division core) fordert, daß keine erlaubte Koalition ihren Wert gleichmäßig auf ihre Mitglieder aufteilen und jedem eine höhere Auszahlung geben kann, als dies bei einem Auszahlungsvektor der Fall ist, der im Gleichaufteilungskern liegt. Selten glaubt, daß die Ergebnisse von Verhandlungsspielen häufig im Gleichaufteilungskern liegen.
3. In einer Koalition soll ein in einem noch zu definierenden Sinne starker Spieler keine geringere Auszahlung erhalten als ein schwacher Spieler.

Während die Hypothesen 1 und 3 intuitiv verständlich sind, bedarf der Gleichaufteilungskern noch der Erläuterung. Dieses Konzept darf nicht so mißverstanden werden, als ob es eine Gleichaufteilung fordere.

Vielmehr steht diese Gleichaufteilung als einfach zu realisierende Drohung hinter jeder zur Debatte stehenden Auszahlungskonfiguration. Als Lösung kann somit nur ein Auszahlungsvektor auftreten, in dem für jede Koalition S gilt, daß nicht für alle $i \in S$ die Auszahlung x_i kleiner als $v(S)/|S|$ ist.

Alle drei Annahmen über die Lösungen von charakteristischen Funktionsspielen basieren auf sozialen Verhaltensmustern. So wäre es töricht, die Auszahlungsmöglichkeiten des Spiels nicht voll auszuschöpfen. Ebenso ist die Gleichbehandlung der Mitglieder eine strenge soziale Verhaltensnorm, die zu verlassen sehr gefährlich sein kann. Wenn sie aber ohne Folgen unbeachtet sein kann, so sollen wenigstens Spieler, die in einer stärkeren Position stehen, gegenüber schwächeren Spielern nicht benachteiligt werden. Dieser Einfluß gesellschaftlicher Verhaltensmuster und -vorschriften auf das Verhalten der einzelnen Spieler begründet die Zugehörigkeit der equal share analysis zu den positiven Lösungsansätzen von charakteristischen Funktionsspielen mit Seitenzahlungen.

Die formale Darstellung der equal share analysis

Definition 2.42:

Eine Koalitionsstruktur $\{C_1, \ldots, C_m\}$ heißt *erschöpfend*, falls für alle C, C Vereinigungsmenge beliebiger C_j gilt

$$v(C) \leq \sum_{C_j \subseteq C} v(C_j).$$

Definition 2.43:

Für alle C . P, P Potenzmenge der Spielermenge N, $C \neq \emptyset$, heißt

$$e(C) = \frac{v(C)}{|C|}$$

Gleichanteil von C.

Definition 2.44:

Als *Gleichaufteilungskern* der charakteristischen Funktion v bezeichnet man die Menge E aller Auszahlungskonfigurationen, für die gilt:
Es gibt keine Koalition C mit

$$x_i < e(C) \quad \text{für alle} \quad i \in C.$$

Etwas mehr Mühe bereitet es, die Spieler eines charakteristischen Funktionsspiels bzgl. ihrer Stärke in eine Reihenfolge zu ordnen.

Definition 2.45:

Seien $b_1, \ldots, b_r$ die Werte, die durch $e(C)$ (Def. 2.43) für alle $C \subseteq N$ erzeugt werden. Sie seien so numeriert, daß $b_1 < b_2 < \ldots < b_r$ gilt.

$$v_1(C) = \begin{cases} v(C) & \text{für } e(C) < b_r \\ |C| \, b_{r-1} & \text{für } e(C) = b_r \end{cases}$$

heißt das *verkürzte Spiel* v_1 von v.
Man kann dann induktiv für $k = 2, \ldots, r-1$ aus v_{k-1} das verkürzte Spiel v_k definieren. v_k heißt dann *k-tes verkürztes Spiel* von v.

Definition 2.46:

Sei $\{C_1, \ldots, C_m\}$ eine Koalitionsstruktur. Sei $N_k = N - C_1, - C_2, \ldots, - C_{k-1}$ die Menge, die man jeweils durch Subtrahieren der Mengen $C_1, \ldots, C_{k-1}$ von N erhält. Sei P_k die Menge aller erlaubten Koalitionen, die Teilmengen von N_k sind.
Falls $e(C_k) = \max\limits_{C \in P_k} e(C)$ für $k = 1, \ldots, m$ gilt, dann heißt die Koalitionsstruktur $(C_1, \ldots, C_m)$ *Maximalanteilsstruktur*.

Eine Maximalanteilsstruktur kann als das Ergebnis eines Koalitionsbildungsprozesses angesehen werden. Eine Koalition bildet sich nach der anderen, und die Spieler versuchen immer, die Koalition C zu bilden, die den höchstmöglichen Gleichanteil $e(C)$ hat.

Definition 2.47:

Der *gleiche Anteil* $s_i(C_1, \ldots, C_m)$ eines Spielers i in einer Koalitionsstruktur $(C_1, \ldots, C_m)$ ist der Gleichanteil $e(C_j)$ der Koalition C_j, die i enthält.

Definition 2.48:

Zwei Spieler i und j heißen *nicht-unterschieden*, wenn in mindestens einer Maximalanteilsstruktur Spieler i einen höheren Anteil als Spieler j hat, und in zumindest einer anderen Maximalanteilsstruktur Spieler j einen höheren Anteil als Spieler i hat.

Zwei Spieler i und j heißen *gleichrangig*, wenn man eine Kette $i_1, \ldots i_k$ von Spielern finden kann, wo $i_1 = i$, $i_k = j$ sind, und zwei benachbarte Spieler i_e, i_{e+1}, $e = 1, \ldots k-1$ nicht-unterschieden sind.

Ein Spieler i ist einem Spieler j *vorrangig*, falls i und j nicht gleichrangig sind, und es zumindest eine Maximalanteilsstruktur gibt, in der i einen höheren gleichen Anteil als j hat.

Die Relationen *gleichrangig* und *vorrangig* bilden zusammen eine unvollständige transitive *Rangordnung* aller Spieler.

Zwei Spieler i und j heißen *ebenbürtig*, falls sie nicht gleichrangig sind, aber $s_i(C_1, \ldots C_m) = s_j(C_1, \ldots C_m)$ für alle Maximalanteilsstrukturen gilt.

Diese Definitionen sollen helfen, die Stärke der einzelnen Spieler ausschließlich auf Maximalanteilsstrukturen bzw. auf den gleichen Anteil der Spieler hierin zurückzuführen.

Selten beweist nun, daß die folgenden fünf Eigenschaften E 1 bis E 5 eindeutig eine vollständige transitive Ordnung der Stärke der Spieler bzgl. v festlegen.

E 1: Falls Spieler i dem Spieler j vorrangig ist bzgl. v, so ist i bzgl. v stärker als j.

E 2: Sind i und j gleichrangig bzgl. v, dann sind sie auch gleich stark bzgl. v.

E 3: Ist v symmetrisch bzgl. i und j, so sind sie gleich stark bzgl. v.

E 4: Sind i und j ebenbürtig in v, und i ist stärker als j in dem verkürzten Spiel v_1 von v (vgl. Def. 2.45), dann ist i stärker als j bzgl. v.

E 5: Sind i und j ebenbürtig in v und gleichrangig in v_1, dann sind sie gleich stark in v.

Auf den (konstruktiven) Beweis soll hier nicht näher eingegangen werden, vielmehr soll anhand des Beispiels, das auch Selten verwendet, die Konstruktion der Ordnung der Spieler nach ihrer Stärke aufgezeigt werden[45].

---

[45] Vgl. auch Kalish / Milnor / Nash / Nering: Some experimental n-person-games, in: Decision Processes, Thrall / Coombs / Davis (eds.), New York/London 1954, pp. 301-327.

Für $N = \{1, 2, 3, 4, 5\}$ ist die charakteristische Funktion explizit für jede Koalition angegeben als

Koalition S	$v(S)$	Koalition S	$v(S)$
$\{1\}$	- 20	$\{1, 2, 3\}$	10
$\{2\}$	- 30	$\{1, 2, 4\}$	0
$\{3\}$	- 40	$\{1, 2, 5\}$	40
$\{4\}$	- 50	$\{1, 3, 4\}$	- 10
$\{5\}$	- 60	$\{1, 3, 5\}$	30
$\{1, 2\}$	0	$\{1, 4, 5\}$	20
$\{1, 3\}$	- 10	$\{2, 3, 4\}$	- 20
$\{1, 4\}$	- 20	$\{2, 3, 5\}$	20
$\{1, 5\}$	20	$\{2, 4, 5\}$	10
$\{2, 3\}$	- 20	$\{3, 4, 5\}$	0
$\{2, 4\}$	- 30	$\{1, 2, 3, 4\}$	60
$\{2, 5\}$	10	$\{1, 2, 3, 5\}$	50
$\{3, 4\}$	- 40	$\{1, 2, 4, 5\}$	40
$\{3, 5\}$	0	$\{1, 3, 4, 5\}$	30
$\{4, 5\}$	- 10	$\{2, 3, 4, 5\}$	20

(Es handelt sich um ein wesentliches Spiel mit der Konstantsummeneigenschaft.)

Um die Maximalanteilsstruktur zu finden, sucht man die Koalition C, für die $\frac{v(C)}{|C|} = \max_{S \subset N} \frac{v(S)}{|C|}$ gilt. Man findet $C = \{1, 2, 3, 4\}$.

Die Maximalanteilsstruktur $(\{1, 2, 3, 4\}, \{5\})$ führt zu der Ordnung $1, 2, 3, 4 \succ 5$, wobei „$\succ$" für „stärker als" steht.

Das verkürzte Spiel gemäß Definition 2.45 erhält man, indem man den Wert $v(C)$ durch $|C|\, b_2$ ersetzt und die übrigen $v(S)$, $S \neq C$, $S \subseteq N$ unverändert läßt. b_2 ist hierbei der zweithöchste Wert der Gleichanteile $e(C_j)$. In diesem Beispiel ergibt sich $v_1(\{1, 2, 3, 4\}) = \frac{4 \cdot 40}{3}$.

In dem verkürzten Spiel v_1 gibt es nur die Maximalanteilsstruktur $(\{1, 2, 5\}, \{3, 4\})$. Man weiß somit $1, 2 \succ 3, 4$. Man ersetzt den Wert für $v_1(\{1, 2, 5\})$ durch $v_2(\{1, 2, 5\}) = \frac{3 \cdot 50}{4}$. Beachtet man, daß bei der weiteren Suche nach der Spielerordnung jeweils schon Koalitionen, die Maximalanteilsstruktur haben, nicht mehr ins Kalkül einbezogen werden (vgl. Def. 2.46), so findet man, daß das zweite verkürzte Spiel nur über eine Maximalanteilsstruktur, ({1, 2, 3, 5}, {4}), verfügt. Dadurch weiß man, daß $3 \succ 4$ gilt.

Durch gleiche Vorgehensweise erhält man aus den beiden Maximalanteilsstrukturen ({1, 2, 4, 5}, {3}) und ({1. 3, 5}, {2, 4}) des dritten verkürzten Spiels, daß $1 \succ 2$ gilt.

Die fünf Spieler des Beispiels lassen sich der Stärke nach wie folgt ordnen:

$$1 \succ 2 \succ 3 \succ 4 \succ 5 .$$

Die zu Anfang formulierten Anforderungen, denen die Lösung in Form einer Auszahlungskonfiguration $(x_1, \ldots, x_n; C_1, \ldots, C_m)$ genügen sollte, werden nun als Hypothesen formuliert:

Hypothese 1:

Die Koalitionsstruktur $\{C_1, \ldots, C_m\}$ ist erschöpfend.

Hypothese 2:

Die Auszahlungskonfiguration $(x_1, \ldots, x_n; C_1, \ldots, C_m)$ liegt im Gleichaufteilungskern.

Hypothese 3:

Sind die Spieler i und j Mitglieder der gleichen Koalition C_k in der Auszahlungskonfiguration $(x_1, .., x_n; C_1, .., C_m)$, und ist i stärker als j, dann gilt

$$x_i \geq x_j .$$

Eine Auszahlungskonfiguration, die den Hypothesen 1 bis 3 genügt, soll regulär, alle anderen irregulär heißen.

Aus dem relativ einfachen Beweis, daß die Menge aller regulären Auszahlungskonfigurationen nie leer sein kann, soll hier nur die Beweisidee skizziert werden:

Man kann immer eine Maximalanteilsstruktur kontruieren. Gibt man jedem Spieler seinen gleichen Anteil (vgl. Definition 2.47), dann sind bereits die Hypothesen 2 und 3 erfüllt. Ist die Koalitionsstruktur nicht erschöpfend, so konstruiert man eine gröbere Koalitionsstruktur, in der man für jeden Spieler seine ursprüngliche Auszahlung erhöht um den gleichen Anteil am Überschuß $v(C) - \sum_{i \in S} x_i$. Die so entstandene Auszahlungskonfiguration erfüllt dann alle drei Hypothesen.

Da es nicht nur die Spielermenge und die charakteristische Funktion ist, die ein Spiel vollständig beschreiben und seine Lösung bestimmen, hat Selten acht Bedingungen, die Durchführung und Umfeld des Spiels betreffen, aufgestellt, die erfüllt sein sollten, um die Vorhersagefähigkeit der equal share analysis nicht zu schwächen.

1. Die Spieler sind umfassend über die Regeln des Spiels informiert.
2. Die Spieler sind hoch motiviert, im Spiel erfolgreich zu sein.
3. Das Spiel wird nur einmal von der gleichen Spielermenge gespielt.
4. Die Spieler können sich gegenseitig sehen und sprechen.
5. Jeder Spieler kann mit jedem Spieler jederzeit sprechen.
6. Es gibt keine Vorschriften über Form oder Ablauf der Kommunikation.
7. Verstecktes Verhandeln ist verboten.
8. Die Bildung von Vorkoalitionen (im Sinne von Absprachen, die andere Koalitionen ausschließen) ist nicht erlaubt.

Equal Share Analysis und Apex-Spiel

Selten[46] verzichtet in seinem Artikel darauf, allgemeine Lösungsmengen für Spiele in charakteristischer Funktionsform anzugeben, er beschränkt sich auf die Überprüfung seines Konzeptes anhand eigener oder in der Literatur gefundener, schon durchgeführter Experimente. Da er aber andererseits die Vorhersagefähigkeit seiner Lösungskonzeption hervorhebt, erscheint es legitim, für das Apex-Spiel eine Menge E zu konstruieren, die alle regulären Auszahlungskonfigurationen enthält. Dazu sollen die Hypothesen 1 bis 3 als Bedingungen aufgefaßt werden, und es ist eine Menge zu finden, die alle drei Bedingungen erfüllt.

1. Die Auszahlungskonfiguration soll erschöpfend (Def. 2.42) sein. Im Apex-Spiel heißt das, es darf nicht weniger als der Betrag c verteilt werden. Es kommen somit nur Auszahlungskonfigurationen in Frage, in denen $\sum_{i \in N} x_i = c$ gilt.

2. Eine Auszahlungskonfiguration liegt im Gleichaufteilungskern (Def. 2.44), wenn keine Koalition $C \in P$ (Potenzmenge von N) gebildet werden kann, in der der Gleichanteil $\frac{v(C)}{|C|}$ eines jeden Spielers größer ist als seine Auszahlung in der aktuellen Auszahlungskonfiguration. Für den Apex-Spieler kann man sofort folgern, daß $x_1 \geq \frac{c}{2}$ sein muß. Andererseits hat jeder Base-Spieler, der in Koalition mit dem Apex steht, $\frac{c}{n-1}$ als untere Grenze seiner Auszahlung zu betrachten. Da $n \geq 4$ ist, kann die Koalition aller Base-Spieler niemals im Gleichaufteilungskern liegen. Andererseits sind nicht-minimale Gewinnkoalitionen S erlaubt, solange die Bedingungen

$$x_1 \geq \frac{c}{2}, \; x_i \geq \frac{c}{n-1} \quad \text{für alle} \quad i \in S - \{1\}$$

[46] Vgl. Selten (1972), p. 130.

erfüllt sind. Folgende Überlegung zeigt, daß die nicht-minimalen Gewinnkoalitionen nicht eine beliebig große Anzahl an Base-Spielern enthalten kann:

Sei a die Anzahl der Base-Spieler in der Gewinnkoalition. Sei deren Auszahlung jeweils durch $\frac{c}{n-1}$ gegeben. Dann gilt.

$$a \cdot \frac{c}{n-1} + \frac{c}{2} \leq c$$

$$\Leftrightarrow \quad a \leq \frac{n-1}{2}.$$

Es können somit, falls n ungerade ist, höchstens die Hälfte aller Base-Spieler positive Auszahlung erhalten. Falls n gerade ist, dürfen nicht mehr als $\frac{n-2}{2}$ Base-Spieler in der Gewinnkoalition sein.

Entgegen der Vorstellung, die der Ausdruck „Gleichaufteilungskern" hervorrufen kann, ist es sehr wohl möglich, daß die Base-Spieler in einer Gewinnkoalition unterschiedliche Auszahlungen erhalten; solange die oben angegebenen Untergrenzen nicht verletzt werden, ist eine solche Auszahlungskonfiguration dennoch Element des Gleichaufteilungskerns.

3. Ein stärkerer Spieler soll in einer Gewinnkoalition nicht weniger erhalten als ein schwächerer Spieler. Die Base-Spieler sind symmetrisch bzgl. v, daher sind sie gleich stark.

Als Maximalanteilsstrukturen des Apex-Spiels können vereinfacht die 2-Personen-Koalitionen der Form $\{1, i\}$, $i \in \{2, \ldots n\}$, angesehen werden. Hierin hat ein Base-Spieler nie einen höheren gleichen Anteil als der Apex-Spieler, dieser hat jedoch in $n - 2$ Maximalanteilsstrukturen einen höheren gleichen Anteil als ein beliebiger Base-Spieler. Spieler 1 ist also jedem Base-Spieler vorrangig in v und somit stärker als jeder von diesen.

Betrachtet man die Bedingungen, die der Gleichaufteilungskern an die Auszahlungen stellt, so fügt die Ordnung der Spieler nach ihrer Stärke keine weitere Anforderung hinzu.

Somit läßt sich die Menge aller regulären Auszahlungskonfigurationen für das Apex-Spiel A_2 darstellen als

$$E(A_2) = \{(x_1, \ldots, x_n; S, T) \mid \sum_{i \in N} x_i = c, \; 1 \in S,$$

$$x_1 \geq \frac{c}{2}, \; x_i \geq \frac{c}{n-1} \quad \text{für} \quad i \in S - \{1\},$$

$$x_i = 0 \quad \text{für} \quad i \in T\}$$

Die equal share analysis nach Selten ist das einzige der bislang vorgestellten Konzepte, das die mögliche Anzahl der Base-Spieler in der Gewinnkoalition von der Größe der Spielermenge abhängig macht, und das nicht eine gleiche Auszahlung für die Base-Spieler in einer Gewinnkoalition fordert. Bemerkenswert ist auch, daß dieses Konzept zwar nicht-minimale Gewinnkoalitionen in bestimmten Situationen (hier $n \geq 5$) erlaubt, die minimale Gewinnkoalition aller Base-Spieler aber nicht als stabil ansieht.

2.3.3.2. Die Quoten – ein ad hoc-Konzept

Die Quoten der Spieler eines kooperativen Spiels mit Seitenzahlungen kommen schon bei von Neumann / Morgenstern vor[47], ohne jedoch diesen Namen zu tragen. Die Idee der Quoten ist einfach: Ist ein Spieler Mitglied einer Gewinnkoalition, so soll seine Auszahlung unabhängig davon sein, in welcher Gewinnkoalition er sich befindet.

Shapley[48] definiert die Quoten als einen Vektor w' mit folgenden Eigenschaften

(i) $\quad w'_i + w'_j = v(\{i, j\})$ für alle $i \neq j,\ i,\ j \in N$

(ii) $\quad \sum_{i=1}^{n} w'_i = v(N).$

Falls sie existieren, lassen sich die Quoten also als Lösungen eines Gleichungssystems mit n Unbekannten finden. Auch ist der Quotenvektor w' eindeutig, sofern die Quoten existieren. Sowohl für das Apex-Spiel A_1 als auch für A_2 existiert ein solcher Quotenvektor nach Shapley. Man findet leicht

$$w'(A_1) = w'(A_2) = (c, 0, \ldots, 0).$$

In dieser Form können die Quoten als realistische Möglichkeit der Auszahlungsaufteilung im Apex-Spiel nicht befriedigen. Kehrt man zu dem eingangs erwähnten Gedanken von von Neumann / Morgenstern zurück und beschränkt die Analyse auf minimale Gewinnkoalitionen (Def. 2.6), könnte man die Quoten als Vektor w'' definieren, für den

$$\sum_{i \in S} w_i'' = v(S)$$

für alle minimalen Gewinnkoalitionen $S \subseteq N$ gilt.

---

47 Vgl. von Neumann / Morgenstern, p. 228, p. 297.

48 Vgl. Shapley, L. S.: Quota Solutions of N-Person Games, in: Contributions to the Theory of Games, Vol. II, Kuhn, H. W. / Tucker, A. W. (eds.), Annals of Mathematic Studies 28, Princeton 1953, p. 345.

Für beide Apex-Spiele erhält man

$$w''(A_1) = w''(A_2) = (\frac{n-2}{n-1}c, \frac{c}{n-1}, \ldots, \frac{c}{n-1}).$$

Dieser Vektor gibt die Ansprüche der Spieler an die Auszahlung des Spiels wieder. Er kann nicht als Auszahlungsaufteilung im Sinne der oben besprochenen Wertfunktionen interpretiert werden. In diesem Sinne kann schon

$$\sum_{i=1}^{n} w_i''(A_2) = \frac{2n-3}{n-1}c > c \quad \text{für} \quad n \geq 3$$

nicht befriedigen.

Der folgende Ansatz soll versuchen, Quoten als Auszahlungsaufteilungen auch für nicht-minimale Gewinnkoalitionen zu definieren. Es sei aber nicht verschwiegen, daß hier natürlich wieder die Unsicherheit dahin verlagert wird, welche Koalition sich letztendlich durchsetzen wird.

Auch zur sprachlichen Unterscheidung soll dieses Konzept im folgenden „Quasi-Quoten" genannt werden.

In jeder Gewinnkoalition mit s Mitgliedern soll der Apex-Spieler die gleiche Auszahlung erhalten, egal welche Koalition S mit $1 \in S, |S| = s$ sich gebildet hat. Die Base-Spieler in einer solchen Koalition sollen hier und in der Koalition aller Base-Spieler jeweils die gleiche Auszahlung erhalten. Diesen Gedankengang soll die folgende Definition formulieren:

Definition 2.49:

Sei $S \subseteq N, |S| = s$, eine Gewinnkoalition des Apex-Spiels A_2. Die Auszahlungskonfiguration $(x_1, \ldots, x_n; S, T)$ heißt *Quasi-Quote bzgl.* S, wenn gilt

$$x_1 = \frac{n-s}{n-1}c \quad \text{und}$$

$$x_i = \frac{1}{n-1}c \quad \text{für alle} \quad i \in S - \{1\}.$$

Diese Definition der Quoten weist den Spielern in einer Gewinnkoalition den gleichen Wert zu wie w', falls man sich auf Gewinnkoalition der Form $\{1, i\}, i = 2, \ldots, n$, beschränkt. In der großen Koalition N setzt sich die Koalition der Base-Spieler gegen den Apex, der $x_1 = 0$ erhält, durch.

Definition 2.50:

$Q(A_2) = \{(x, B) = (x_1, \ldots, x_n; S, T) \mid (x; B)$ ist Quasi-Quote bzgl. $S\}$ heißt *Menge der Quasi-Quoten* des Spiels A_2.

Man kann sich die Quasi-Quoten des Apex-Spiels A_2 einfach folgendermaßen vorstellen: Man geht von einer beliebigen Koalition $\{1, i\}$ aus, aus der $x_1 = \frac{n-2}{n-1} c$ und $x_i = \frac{1}{n-1} c$ folgt. Das Aufnehmen weiterer Base-Spieler in die Gewinnkoalition bringt jedem von diesen $\frac{1}{n-1} c$, was voll zu Lasten des Apex geht.

2.3.4. Zusammenfassende Betrachtung der Lösungen für das Apex-Spiel

Die dreiseitige Tabelle 2.1, die auf der übernächsten Seite beginnt, enthält eine Übersicht über alle vorgestellten Lösungen für das Apex-Spiel A_2 in der allgemeinen Form mit n Spielern und einer Auszahlung von c für jede Gewinnkoalition. In der ersten Spalte findet sich die mengentheoretische Schreibweise. Hierbei sind alle Stabilitätsmengen zur besseren Vergleichbarkeit als Mengen von Auszahlungskonfigurationen geschrieben worden. Hierin sind jeweils S die Gewinnkoalition, T die verbleibende Nicht-Gewinnkoalition $N - S$. Auf die Aufführung der trivialen Lösungen ist verzichtet worden.

Spalte 2 der Tabelle enthält eine Auflistung der möglichen Typen von Gewinnkoalitionen für jede Stabilitätsmenge. Für die unterschiedlichen Gewinnkoalitionen ist dabei folgende abgekürzte Schreibweise verwandt worden: N ist die Koalition aller Spieler, B die Koalition aller Base-Spieler. Die Koalitionen, die den Apex-Spieler enthalten und nicht gleich N sind, sind mit Zahlen bezeichnet, die gleichzeitig die Anzahl der Base-Spieler in dieser Koalition angeben. So steht 1 für die Koalition $\{1, i\}$, $i \in N - \{1\}$, usw.

In Spalte 3 sind explizit die Auszahlungen für die Mitglieder in diesen Gewinnkoalitionen angegeben.

Die Spalten 4 und 5 enthalten die berechneten Werte von Spalte 3 für die Fälle $c = 1$ und $n = 4$ bzw. $n = 5$. Auf diese Werte wird in Abschnitt 3.3 noch einzugehen sein.

Alle Stabilitätsmengen fordern Gewinnkoalitionen vom Typ 1 (Apex- und ein Base-Spieler). In 5 der 10 Konzepte ist die Koalition aller Base-Spieler stabil. Andere Gewinnkoalitionen lassen 6 der 10 Stabilitätsmengen als Lösung zu. In nur 2 Fällen haben alle A_2-Gewinnkoalitionen die vom jeweiligen Konzept geforderte Stabilitätseigenschaft.

Ist der Apex-Spieler Mitglied in einer Gewinnkoalition, so beträgt seine Auszahlung, ausgenommen bei den Quasi-Quoten, der Gewinnkoalition N in der Verhandlungsmenge $M_1^{(i)}$, dem Kernel und entsprechend dem Nucleolus, mindestens $c/2$. Mit wachsendem n geht die Apex-Auszahlung aber auch hier gegen $c/2$. Nach oben ist er dann im allgemeinen durch den Wert $\frac{n-2}{n-1} c$ beschränkt. Nur die Quasi-Quoten und das Konzept der equal share analysis geben für nicht-minimale Gewinnkoalitionen niedrigere Auszahlungen in Abhängigkeit von der Anzahl der Mitglieder in der Koalition an. Die Auszahlungen für die übrigen Mitglieder in der Gewinnkoalition ergeben sich dann sofort aus der Tatsache, daß in der Koalition immer der Betrag c verteilt wird. Nur das Konzept von Selten verlangt hierbei keine gleichen Auszahlungen für die Base-Spieler in der Gewinnkoalition.

Die drei Wertfunktionen betrachten die Base-Spieler ebenfalls als vollkommen symmetrisch. Die Anteile des Spielers 1 werden von Shapley-Wert und Banzhaf-Index bei $n = 4$ mit 0.5 angenommen und streben, beim Banzhaf-Index schneller als beim Shapley-Wert, mit wachsendem n gegen c. Dagegen hat der Spieler 1 im Nucleolus einen Anteil von 0.4 c, der mit wachsendem n gegen 0.5 c strebt.

Auf die in der Tabelle 2.1 zusammengefaßten Lösungen wird bei der Besprechung der experimentell gefundenen Ergebnisse von Apex-Spielen noch zurückzukommen sein.

Tabelle 2.1: **Zusammenfassung der spieltheoretischen Lösungen für das Apex-Spiel**

Lösungskonzept	mengentheoretische Schreibweise	Gewinnkoal.	u. Auszahlungen	explizite Werte für $c = 1,\ n = 4$	$c = 1,\ n = 5$
v. Neumann-Morgenstern-Lösung	$I(A_2) = \{(x_1, \ldots, x_n; S, T) \mid$ a) $S = \{1, i\}, i = 2, \ldots, n \Rightarrow x_1 = \frac{n-2}{n-1} c; x_i = \frac{1}{n-1} c$ b) $S = N - \{1\} \Rightarrow x_i = \frac{1}{n-1} c \quad i = 2, \ldots n\}$	1	$x_1 = \frac{n-2}{n-1} c$ $x_i = \frac{1}{n-1} c$	$x_1 = \frac{2}{3}$ $x_i = \frac{1}{3}$	$x_1 = \frac{3}{4}$ $x_i = \frac{1}{4}$
		B	$x_i = \frac{1}{n-1} c$	$x_i = \frac{1}{3}$	$x_i = \frac{1}{4}$
Verhandlungsmengen	$M(A_2) = \{(x_1, \ldots, x_n; S, T) \mid S = \{1, i\} \quad i = 2, \ldots n$ $x_1 + x_i = c, \frac{c}{2} \leq x_1 \leq \frac{n-2}{n-1} c\}$	1	$\frac{c}{2} \leq x_1 \leq \frac{n-2}{n-1} c$ $\frac{1}{n-1} c \leq x_i \leq \frac{1}{2} c$	$\frac{1}{2} \leq x_1 \leq \frac{2}{3}$ $\frac{1}{3} \leq x_i \leq \frac{1}{2}$	$\frac{1}{2} \leq x_1 \leq \frac{3}{4}$ $\frac{1}{4} \leq x_i \leq \frac{1}{2}$
	$M_1(A_2) = M \cup \{(0, \frac{1}{n-1} c, \ldots, \frac{1}{n-1} c; \{1\}, N - \{1\})\}$	1	vgl. M	vgl. M	vgl. M
		B	vgl. I	vgl. I	vgl. I
	$M^{(i)}(A_2) = M \cup \{(x_1, \ldots, x_n; S, T) \mid \ \mid S \mid = 3,$ $1 \in S, \sum_{i \in S} x_i = c, \frac{c}{2} \leq x_1 \leq \frac{n-2}{n-1} c,$ $x_i = x_j$ für $i, j \in S - \{1\}\}$	1	vgl. M	vgl. M	vgl. M
		2	x_1: vgl. M $\frac{c}{2n-2} \leq x_i \leq \frac{c}{4}$	vgl. M $\frac{1}{6} \leq x_i \leq \frac{1}{4}$	vgl. M $\frac{1}{8} \leq x_i \leq \frac{1}{4}$
	$M_1^{(i)}(A_2) = \{(x_1, \ldots, x_n; S, T) \mid \sum_{i \in S} x_i = c,$ $x_i = x_j$ für $i, j \in S - \{1\},$ $\frac{c}{2} \leq x_1 \leq \frac{n-2}{n-1} c,$ falls $1 \in S$ u. $S \neq N$ $\frac{n-2}{2n-3} c \leq x_1 \leq \frac{n-2}{n-1} c,$ falls $S = N\}$	alle in A_2 erlaubten	x_1: vgl. M $\frac{c}{(s-1)(n-1)}$ $\leq x_1 \leq$ $\frac{c}{2(s-1)}$	vgl. M jeweils von	vgl. M abhängig S
		N	vgl. K	vgl. K	vgl. K

Fortsetzung von Tabelle 2.1

Lösungskonzept	mengentheoretische Schreibweise	Gewinnkoal. u. Auszahlungen		explizite Werte für $c = 1,\ n = 4$	explizite Werte für $c = 1,\ n = 5$
Kompetitive Verhandlungsmengen	$H_1(A_2) = \{(x_1, \ldots, x_n; S, T) \mid$	1	vgl. I	vgl. I	vgl. I
	a) $S = \{1, i\} \Rightarrow x_1 = \frac{n-2}{n-1}c,\ x_i = \frac{1}{n-1}c,$	B	vgl. I	vgl. I	vgl. I
	b) $S = N - \{1\} \Rightarrow x_i = \frac{1}{n-1}c,\ i = 2, \ldots, n\}$				
	$H_1^{(i)}(A_2) = \{(x_1, \ldots, x_n; S, T) \mid$	alle in A_2 erlaubten	$x_1 = \frac{n-2}{n-1}c$	$x_1 = \frac{2}{3}$	$x_1 = \frac{3}{4}$
	a) $1 \in S \Rightarrow x_1 = \frac{n-2}{n-1}c,\ x_i = x_j$ für $i, j \in S - \{1\}$		$x_i = \frac{c}{(n-1)(s-1)}$	x_i abhängig von S	
	b) $1 \notin S \Rightarrow x_i = \frac{1}{n-1}c$ für $i = 2, \ldots, n\}$		oder $x_1 = 0,\ x_i = \frac{c}{n-1}$	$x_i = \frac{1}{3}$	$x_i = \frac{1}{4}$
Kernel	$K(A_2) = \{(x_1, \ldots, x_n; S, T) \mid$	1	$x_1 = \frac{c}{2}$	$x_1 = \frac{1}{2}$	$x_1 = \frac{1}{2}$
	a) $S = N \Rightarrow x_1 = \frac{n-2}{2n-3}c,\ x_i = \frac{c}{2n-3}$ für alle $i = 2, \ldots, n$	2 3 . .	$x_i = \frac{c}{(n-1)(s-1)}$	x_i abhängig von S	
	b) $S \neq N \Rightarrow x_1 = \frac{c}{2},\ \sum_{i \in S} x_i = c,\ x_i = x_j,\ i, j \in S - \{1\}\}$	N	$x_1 = \frac{n-2}{2n-3}c$	$x_1 = \frac{2}{5}$	$x_1 = \frac{3}{7}$
			$x_i = \frac{c}{2n-3}c$	$x_i = \frac{1}{5}$	$x_i = \frac{1}{7}$
Equal Share Analysis	$E(A_2) = \{(x_1, \ldots, x_n; S, T) \mid 1 \in S,\ 2 \leq \lvert S \rvert \leq \frac{n+1}{2},$	1 2 . .	$\frac{c}{2} \leq x_1 \leq \frac{n-s}{n-1}c$	$\frac{1}{2} \leq x_1 \leq \frac{2}{3}$	$\frac{1}{2} \leq x_1 \leq \frac{3}{4}$
	$x_1 \geq \frac{c}{2},\ x_i \geq \frac{c}{n-1}$ für $i \in S - \{1\}\}$	$\frac{n+1}{2} - 1$	$\frac{c}{n-1} \leq x_i \leq \frac{n-2s+3}{2(n-1)}c$	$\frac{1}{3} \leq x_i \leq \frac{1}{2}$	$\frac{1}{4} \leq x_i \leq \frac{1}{2}$

Fortsetzung von Tabelle 2.1

Lösungs-konzept	mengentheoretische Schreibweise	Gewinnkoal. u. Auszahlungen		explizite Werte für $c = 1,\ n = 4$	explizite Werte für $c = 1,\ n = 5$
Quoten	$Q(A_2) = \{(x_1, \ldots, x_n; S, T) \mid 1 \in S,\ x_1 = \frac{n-s}{n-1} c,$	1	$x_1 = \frac{n-s}{n-1} c$	$x_1 = \frac{2}{3}, \frac{1}{3}, 0$	$x_1 = \frac{3}{4}, \frac{1}{2}, \frac{1}{4}, 0$
	$x_i = \frac{1}{n-1} c$, falls $i \in S - \{1\},\ \mid S \mid = s\}$	$\vdots$ N	$x_i = \frac{c}{n-1}$	$x_i = \frac{1}{3}$	$x_i = \frac{1}{4}$
Shapley-Wert	$\phi(A_1) = (\frac{n-2}{n} c, \frac{2c}{n(n-1)}, \ldots, \frac{2c}{n(n-1)})$			$(\frac{1}{2}, \frac{1}{6}, \ldots, \frac{1}{6})$	$(\frac{3}{5}, \frac{1}{10}, \ldots, \frac{1}{10})$
Banzhaf-Index	$\beta(A_2) = (\frac{2^{n-2}-1}{n+2^{n-2}-2} c, \frac{c}{n+2^{n-2}-2}, \ldots \ldots)$			$(\frac{1}{2}, \frac{1}{6}, \ldots, \frac{1}{6})$	$(\frac{7}{11}, \frac{1}{11}, \ldots, \frac{1}{11})$
Nucleolus	$N(A_2) = \{(\frac{n-2}{2n-3} c, \frac{c}{2n-3}, \ldots, \frac{c}{2n-3})\}$			$(\frac{2}{5}, \frac{1}{5}, \ldots, \frac{1}{5})$	$(\frac{3}{7}, \frac{1}{7}, \ldots, \frac{1}{7})$

2.4. Die Vickrey-Auktion

2.4.1. Aufgabe

Der Durchführung der Verhandlung im Rahmen des Apex-Spiels vorgeschaltet hat die Vickrey-Auktion, auch Zweithöchstpreis-Auktion genannt, zwei Aufgaben:

1. Sie soll unter allen Experimentteilnehmern diejenigen bestimmen, die die Verhandlung durchführen.
2. Durch die Gebote im Rahmen der Vickrey-Auktion soll eine Einschätzung der Bewertung der Rollen im Apex-Spiel durch die potentiellen Mitspieler gefunden werden.

Punkt 1 beinhaltet nichts anderes als die klassische Aufgabe von Auktionen und auch anderen Verkaufsformen.

Im Rahmen dieser Arbeit wichtiger ist Punkt 2. Unter der Voraussetzung, daß die Bieter die Regeln der Auktion verstanden haben und ausreichend motiviert sind, spiegeln die Gebote den Betrag wider, den ein Mitspieler für die Teilnahme am Apex-Spiel in einer bestimmten Rolle einzusetzen bereit ist. Hier soll untersucht werden, ob und wie einerseits diese Gebote mit den Lösungskonzepten für Apex-Spiele korrelieren, und ob andererseits die Gebote in irgendeiner Form die Ergebnisse von Apex-Spielen erklären können. Hierzu soll vor allem auf in der Literatur beschriebene Apex-Spiele zurückgegriffen werden.

Im folgenden soll zunächst beschrieben werden, wie die Vickrey-Auktion abläuft und was sie vor anderen Verkaufsformen auszeichnet.

2.4.2. Definition und normative Eigenschaften

Es soll davon ausgegangen werden, daß genau eine Einheit eines unteilbaren Gutes an einen aus einer Menge von n ($\geqslant 1$) möglichen Käufern verkauft werden soll. Dies geschieht in folgender Weise:

Die n Spieler bestimmen unabhängig voneinander ihre Gebote s_i ($\geqslant 0$). Der Spieler i^*, dessen Gebot das höchste ist, erhält das Gut zum Preis des zweithöchsten Gebotes. Haben mehrere Spieler das gleiche höchste Gebot abgegeben, so soll das Los den Käufer bestimmen. Der Preis ist dann natürlich gleich dem höchsten Gebot. Hat der Verkäufer eine Preisuntergrenze festgesetzt, so können die Gebote s_i auch als Differenz zwischen dem Preis, der dem i vorschwebt und dem Minimumpreis betrachtet werden.

Allgemeinere Situationen, insbesondere sei hier an den Verkauf mehrerer Güter gleichzeitig gedacht, sollen hier nicht betrachtet werden. Es sei aber auf die Beiträge von Vickrey und Güth verwiesen[49].

Die Vickrey-Auktion läßt sich als Spiel in Normalform darstellen.

Definition 2.51:

Ein *Spiel in Normalform* ist ein Spiel $G = (S_1, \ldots, S_n; H)$, wobei S_i die Menge reiner Strategien s_i des Spielers $i \in N = \{1, \ldots, n\}$, $n \geq 2$, und H die Auszahlungsfunktion des Spiels ist:

$$H: \mathop{X}_{i=1}^{n} S_i \rightarrow \mathrm{IR}^n$$

$$s = (s_1, \ldots s_n) \mapsto H(s) = (H_1(s), \ldots, H_n(s)).$$

Sei s^i der Strategienvektor $(s_1, \ldots, s_{i-1}, s_{i+1}, \ldots, s_n)$ und (s^i, s_i') der Vektor $(s_1, \ldots, s_{i-1}, s_i', s_{i+1}, \ldots, s_n)$.

Definition 2.52:

Eine Strategie $s_i \in S$ heißt *dominant*, wenn

für alle $s_i' \in S_i$ und

für alle $s^i \in \mathop{X}_{\substack{j=1 \\ j \neq i}}^{n} S_j$ gilt

$$H_i(s^i, s_i) \geq H_i(s^i, s_i').$$

Eine dominante Strategie s_i des Spielers i garantiert diesem also die beste Auszahlung, unabhängig von der Strategienwahl der übrigen Spieler.

Die Vickrey-Auktion läßt sich nun als Spiel in Normalform wie folgt beschreiben:

$$S_i = \mathrm{IR}^+ \quad \text{für} \quad i = 1, \ldots, n.$$

---

49 Vgl. Vickrey, W.: Counterspeculation, Auctions and Competitive Sealed Tenders, in: Journal of Finance, Bd. 16, 1961, pp. 8-37. Güth, W.: Kriterien für die Konstruktion fairer Aufteilungsspiele, in: Entscheidungen in kleinen Gruppen, Hrsg.: W. Albers / G. Bamberg / R. Selten, Mathematical Systems in Economics, Bd. 45, Königsstein/Ts., 1979.

Sei v_i der in Geld ausgedrückte Wert, den der Spieler i dem zu versteigern-den Gut beimißt. Seien

$$p = \max \{s_k \mid k \in N - \{j\},\ s_j \geq s_l \text{ für alle } l = 1, \ldots, n\}$$

$$m = \# \{k \in N \mid s_k \geq s_l \text{ für alle } l = 1, \ldots, n\}$$

$$H_i(s) = \begin{cases} \dfrac{v_i - p}{m} & \text{falls } s_i \geq s_j \text{ für } j = 1, \ldots, n \\ 0 & \text{sonst} \end{cases}$$

Folgende Überlegung zeigt sofort, daß

$$v = (v_1, \ldots, v_n)$$

ein Vektor dominanter Strategien der Spieler $i \in N$ ist:

Für alle s^i ist $s_i = v_i$ beste Antwort des i auf s^i. Ferner gilt $H_i \geqq 0$, falls i das Gebot $s_i = v_i$ wählt.

Falls $s_i > v_i$ ist, und gilt $s_i \geq p > v_i$, so folgt $H_i(s) < 0$.

Falls $s_i < v_i$ ist, und gilt $v_i > p > s_i$, so folgt $H_i(s) = 0$, obwohl für $s_i = v_i$ $H_i(s) > 0$ möglich gewesen wäre.

Die einzig dominante Strategie eines Bieters in einer Vickrey-Auktion ist somit die Angabe seiner wahren Werteinschätzung für das zu versteigernde Gut.

Bewirkt die Lösung eines Spiels das Offenbaren echter Präferenzen und ist diese Lösung ein Vektor dominanter Strategien, dann wird das Spiel betrugssicher genannt, denn die Wahl der bestmöglichen Strategie eines Spielers hängt nicht davon ab, was ein Spieler über die wahren Werte anderer Spieler weiß. Ihre Betrugssicherheit zeichnet die Vickrey-Auktion als besondere Verkaufsform aus und ist der Grund, sie als Instrument zur Messung der Wertvorstellungen einzusetzen, die die Bieter den Rollen im Apex-Spiel beimessen.

3. Apex-Spiel und Vickrey-Auktion Frühere Experimente

3.1. Apex-Spiele – Zur Differenzierung

Apex-Spiele sind schon des öfteren untersucht worden, sei es, um den Verhandlungsablauf zu beobachten und das Verhalten der Spieler zu analysieren, sei es, um das Spielergebnis mit Lösungskonzepten der Spieltheorie zu vergleichen.

Wie bei der Beschreibung des Apex-Spiels in Abschnitt 2.2 schon eingeführt, können auch bei den Experimenten, die sich mit dem Apex-Spiel beschäftigen, solche der Form A_1[1] und diejenigen der Form A_2[2] unterschieden werden. In der Gruppe der Experimente, die sich mit dem Spiel A_1 befassen, kann noch unterschieden werden zwischen den Spielen, für die $v(\{A, B_i\}) = v(\{B_2, \ldots, B_n\}) = c$ für $i = 2, \ldots, n$ gilt, und jenen, die den verschiedenen Typen von Koalitionen auch verschiedene Auszahlungen zuweisen, ja sogar einer Ein-Personen-Koalition eine positive Auszahlung geben.

Im folgenden Abschnitt soll ein knapper Überblick über die Literatur gegeben werden, die sich mit der Gruppe der Apex-Spiele A_1 in beiden Varianten befaßt, bevor dann auf die Literatur zu Spielen der Form A_2 eingegangen werden soll.

3.2. Apex-Spiele der Form A_1

Davis/Maschler veröffentlichten eine weite Diskussion über das Apex-Spiel mit der charakteristischen Funktion

$$v(\{A, B_i\}) = v(\{B_2, \ldots, B_5\}) = 100, \quad i = 2, \ldots, 5$$

und über mögliche Lösungen des Spiels[3].

---

1 Nur Koalitionen der Form $\{A, B_i\}$, $i = 2, \ldots, n$ und $\{B_1, \ldots, B_n\}$ erhalten eine positive Auszahlung.

2 Auch Obermengen der Koalitionen S, für die $v(S) > 0$ in A_1 gilt, erhalten eine positive Auszahlung.

3 Vgl. Davis / Maschler, p. 223.

Funk untersuchte unter anderem ein Apex-Spiel mit $v(\{A,B_2\}) = 144$, $v(\{A,B_3\}) = 112$, $v(\{A,B_4\}) = 96$, $v(\{B_2,B_3,B_4\}) = 160$[4].

In diesen Spielen hatten alle Spiele verschiedene Quoten. Funk entdeckte, daß ein Spieler in einer Apex-Koalition im Durchschnitt seine Quoten als Auszahlung erhielt, wohingegen in einer Koalition der Base-Spieler diese eher zur Gleichaufteilung tendierten.

Kahan/Rapoport untersuchten 5 Spiele ($k = 1, \ldots, 5$), in denen

$$95 \leq v_k(\{A, B_2\}) \leq 118$$
$$84 \leq v_k(\{A, B_3\}) \leq 90$$
$$50 \leq v_k(\{B_2, B_3\}) \leq 85 \text{ und}$$

$v_k(\{B_2,B_3\}) < v_k(\{A,B_3\})$ für $k = 1, \ldots, 5$. Die Werte waren in jedem Spiel eindeutig bestimmt[5].

Man kann sich wohl zu Recht fragen, warum Rapoport/Kahan/Wallsten dieses Spiel als Apex-Spiel bezeichnen[6]. Schon im Abschnitt 2.2 wurde darauf hingewiesen, daß in Apex-Spielen mit nur 2 Base-Spielern der Apex seine besondere Stellung einbüßt. Bei Kahan/Rapoport erscheint die Stellung des Apex über die Höhe der Koalitionsauszahlungen stärker als die der Base-Spieler. Allerdings ist in diesem Sinne der Spieler B_2 dem Spieler B_3 ebenfalls überlegen.

Ebenfalls um die spieltheoretischen Lösungen des Apex-Spiels experimentell zu testen, führten Horowitz/Rapoport insgesamt 48 4- und 5-Personen-Spiele durch. Eine Koalition der Base-Spieler erhielt in allen Fällen den Wert 72, während der Koalition $\{A,B_i\}$, $i = 2, \ldots, 4$ bzw. $i = 2, \ldots, 5$, in einer Serie der Wert 108, in der anderen Serie der Wert 72 beigemessen wurde.

In 23 der 24 5-Personen-Spiele formierte sich eine Apex-Koalition, die auch eine Auszahlungsaufteilung, wie die Verhandlungsmenge M_1 sie angibt, erreicht. In 16 der 23 Fälle liegt die Aufteilung bis auf 2 Punkte in der kompetitiven Verhandlungsmenge. Der Kernel wurde nie erreicht. In ganz ähnlicher

---

4 Vgl. Funk, S. G.: Value Power and Positional Power in N-Person-Games, Unpublished Master's Thesis, University of North Carolina at Chapel Hill, zitiert nach Rapoport, Am./Kahan, J./Wallsten, T.: Sources of Power in Four-Person Apex Games, in: Contributions to Experimental Economics 8: Coalition Forming Behavior, H. Sauermann (ed.), Tübingen 1978, p. 75/76.

5 Vgl. Kahan, J. P./Rapoport, Am.: Test of the Bargaining Set and Kernel Models in Three-Person-Games, in: Rapoport, An. (ed.): Game Theory as a Theory of Conflict Resolution, Dordrecht-Holland/Boston 1974, p. 129.

6 Vgl. Rapoport/Kahan/Wallsten, p. 75.

Weise bestätigen auch die Ergebnisse der 4-Personen-Spiele die Tendenz zur kompetitiven Verhandlungsmenge[7].

Rapoport/Kahan/Wallsten führten 6 verschiedene Apex-Spiele durch, in denen die charakteristischen Funktionen folgendermaßen bestimmt werden:

Tabelle 3.1

Spiel	$v(\{A, B_i\})$	$v(\{B_1, B_2, B_3\})$	$v(\{B_i\})$	$v(\{A\})$
I *A*	60	72	0	20
II *A*	84	72	0	40
III *A*	108	72	0	60
I *B*	60	72	20	0
II *B*	84	72	20	0
III *B*	108	72	20	0

Die Spiele des Typs *A* hatten, ähnlich wie bei Horowitz/Rapoport, eine Bevorzugung von kompetitiver Verhandlungsmenge gegenüber dem Kernel als Ergebnis.

Für die Spiele des Typs *B* lagen diese beiden normativen Lösungen zu dicht beieinander, um sie unterscheiden zu können. Man hätte dies bei der Planung der Experimente berücksichtigen sollen. Fast immer wichen die Auszahlungen für Base-Spieler, die in einer Koalition mit dem Apex waren, nach oben von den Voraussagen der Verhandlungsmenge ab[8].

Vor allem um den Koalitionsbildungsprozeß zu beobachten, wurden auch in der Sozialpsychologie Experimente mit Apex-Spielen durchgeführt, die hier allerdings in Form von gewichteten Majoritätsspielen[9] präsentiert wurden. In den 4-Personen-Versuchen von Chertkoff[10], in denen für alle minimalen Gewinnkoalitionen der gleiche Betrag *c* zu verteilen war, bildete sich die Apex-Koalition in 70 %, die Koalition der Base-Spieler in 20 % aller Fälle. In 10 % wurde keine Übereinstimmung erreicht. Komorita[11] untersuchte Chertkoffs Daten zusammen mit weiteren eigenen Daten. Hier bildeten sich in 79 % der

7 Vgl. Horowitz, A. D./Rapoport, Am.: Test of the Kernel and Two Bargaining Set Models in Four- and Five-Person-Games, in: Rapoport, An. (ed.): Game Theory as a Theory of Conflict Resolution, Dordrecht-Holland/Boston 1974, p. 165.

8 Vgl. Rapoport/Kahan/Wallsten, pp. 84, 88.

9 Vgl. Definition 2.39.

10 Vgl. Chertkoff, J. M.: Coalition Formation as a Function of Differences in Resources, in: Journal of Conflict Resolution, 15, 1971, pp. 371-383.

11 Vgl. Komorita, S. S.: A Weighted Probability Model of Coalition Formation, in: Psychological Review, 81, 1974, pp. 242-256.

Fälle Apex-Koalitionen, in 15 % Base-Spieler-Koalitionen und in den übrigen 6 % andere oder keine Koalitionen. Base-Spieler in Koalition miteinander bevorzugten die Gleichaufteilung. In Apex-Koalitionen erhielt der Apex im Schnitt 2/3 c, der Base-Spieler 1/3 c, was den Quoten entspricht[12].

3.3. Apex-Spiele der Form A_2

3.3.1. Grundsätzliches

Rapoport/Kahan/Wallsten wollten mit ihren Experimenten ausdrücklich allgemeinere Fälle testen als das Apex-Spiel A_1 mit gleicher Auszahlung für alle Gewinnkoalitionen. Ihr Argument aber, daß es für rationale Spieler keinen Grund gibt, weitere Spieler in eine solche Gewinnkoalition aufzunehmen[13], ist trivial, denn eine solche Koalition hätte in A_1 die Auszahlung 0. Gemeint sind hier wohl eher nicht-minimale Gewinnkoalitionen in Apex-Spielen der Form A_2. Auch ihr Argument für die Form A_1, nicht-minimale Gewinnkoalitionen hätten sich in empirischen Tests nur sehr selten gebildet, spricht nicht dafür, diese Obermengen von minimalen Gewinnkoalitionen mit Null-Auszahlung zu belegen. Im Gegenteil ist es ein Zeichen rationalen Verhaltens, wenn diese nicht-minimalen Gewinnkoalitionen nicht oder nur sehr selten gebildet werden, obwohl sie mit positiver Auszahlung möglich sind. Andererseits, falls dieses Verhalten beobachtet wird, so spricht dies dafür, daß das Ergebnis eines Verhandlungsspiels eben nicht nur durch eine Rationalität der Spieler bestimmt ist, die sich ausschließlich an der Höhe der Auszahlung mißt. Es wäre falsch, diese Einflüsse auf das Ergebnis durch Beschränkung auf Spiele der Form A_1 zu eliminieren.

Wegen dieser großen Freiheit in der Koalitionsbildung sind die Experimente im Rahmen dieser Arbeit sowie die theoretische Analyse auf Apex-Spiele der Form A_2 beschränkt worden. In der experimentellen Literatur haben diese Spiele immer eine charakteristische Funktion, die allen Gewinnkoalitionen einen einheitlichen Wert zuweist. Es lag nahe, dies auch hier zu tun.

Im folgenden sollen Ziele, Durchführung und Ergebnisse der Experimente von Selten/Schuster[14] und Albers[15] beschrieben werden. Dies soll knapp, aber

12 Vgl. Abschnitt 2.3.3.2.

13 Vgl. Rapoport / Kahan / Wallsten, p. 77.

14 Vgl. Selten / Schuster, S. 99-135, bzw. Selten / Schuster: Psychological Variables and Coalition Forming Behavior, in: Borch, K. / Mossin, J. (eds.): Risk and Uncertainty, London 1968, pp. 221-240.

15 Vgl. Albers, W.: Bloc Forming Tendencies as Characteristics of Bargaining Behaviour in Different Versions of Apex Games, in: Contributions to Experimental Economics, Vol. 8: Coalition Forming Behavior, H. Sauermann (ed.), Tübingen 1978, pp. 172-203.

doch ausführlicher geschehen, als die Beschreibung der Spiele der Form A_2 im vorigen Abschnitt. Denn bei der Analyse der Ergebnisse der Experimente, die für die vorliegende Arbeit durchgeführt wurden, soll wieder auf die Arbeiten von Selten/Schuster und Albers zurückgegriffen werden.

3.3.2. Die Experimente von Selten und Schuster

Selten/Schuster führten 12 Apex-Spiele A_2 mit jeweils 5 Spielern durch. Jeder Spieler nahm nur einmal an einem Spiel teil, die Auszahlung für eine stabile Gewinnkoalition betrug einheitlich DM 40,–. Eine Gewinnkoalition galt als stabil, wenn sie eine Bedenkzeit von 10 Minuten überstand. Jede Koalition, deren Mitglieder sich über die Auszahlungsaufteilung einig waren, konnte dem Versuchsleiter benannt werden, was jeweils den Beginn der 10-minütigen Bedenkzeit bedeutete. Die gesamte Verhandlungszeit war nach oben hin unbegrenzt. Die Verhandlungen dauerten zwischen 10′45″ und 1 h 20′40″. Die Kommunikation unter den Spielern einer Runde war nicht eingeschränkt.

Der Vergleich der Experimentausgänge mit spieltheoretischen Vorhersagen war nicht das Hauptziel von Selten und Schuster, sie taten dies nur in knapper Form; hierauf wird weiter unten noch eingegangen. Eigentliches Ziel der Arbeit war das Erkennen psychologischer und soziologischer Phänomene, die das Ergebnis der Verhandlungen bestimmten oder beeinflußten. Hierzu wurden vor der Verhandlung umfangreiche psychologische Messungen mit den Versuchspersonen durchgeführt, und die Spieler hatten sich nach einem gemeinsamen Gespräch mit Hilfe soziometrischer Bewertungsskalen gegenseitig zu beurteilen.

Es würde hier zu weit führen, auf diese Messungen sowie auf die Ergebnisse, die zum Teil umfangreiche statistische Arbeit bedingten, näher einzugehen. Worauf es bei der kurzen Beschreibung der Durchführung der Experimente von Selten/Schuster ankam, war die Situation zu kennen, in der die Spieler sich vor der Verhandlung befanden.

Eine vollständige Auflistung der Ergebnisse befindet sich in Tabelle 3.2. Wegen der besseren Vergleichbarkeit wurden die Auszahlungen der Spieler als Vielfache von c angegeben. Base-Spieler mit unterschiedlicher Auszahlung wurden nach der Höhe ihrer Auszahlung geordnet. Die einzelnen Runden wurden den aufgetretenen Gewinnkoalitionen entsprechend numeriert und geordnet.

Im nächsten Abschnitt sollen zunächst die Experimente von Albers vorgestellt werden. Im Anschluß daran wird ein Vergleich aller Ergebnisse mit den Vorhersagen der spieltheoretischen Lösungskonzepte angeschlossen werden.

Tabelle 3.2

Ergebnisse der Experimente von Selten und Schuster (Spielserie 1)

	Auszahlungsaufteilung				
Runde	(x_A,	x_{B1}	x_{B2},	x_{B3},	x_{B4})
1	(0.7,	0.3	0,	0,	0)
2	(0.625,	0.375,	0,	0,	0)
3	(0.625,	0.375,	0,	0,	0)
4	(0.625,	0.375,	0,	0,	0)
5	(0.625,	0.375,	0,	0,	0)
6	(0.5,	0.5,	0,	0,	0)
7	(0.45,	0.55,	0,	0,	0)
8	(0.375,	0.625,	0,	0,	0)
9	(0,	0.475,	0.175,	0.175	0.175)
10	(0,	0.35,	0.2165,	0.2165,	0.2165)
11	(0.2,	0.2,	0.2,	0.2,	0.2)
12	(0.625,	0.125,	0.125,	0.125,	0)

3.3.3. Die Experimente von Albers

Albers führte 3 verschiedene Spiele durch[16]. Ein 5-Personen-Spiel wurde 25-mal gespielt, jedes der beiden 4-Personen-Spiele 16-mal. Jeder Spieler nahm an 4 bzw. 5 Spielen teil, spielte aber nur einmal mit jedem anderen Spieler und trat genau einmal in jeder Rolle auf. Die Ergebnisse sind in den Tabellen 3.3 (5-Pers.-Spiel), 3.4 und 3.5 (4-Pers.-Spiele) auf den folgenden Seiten aufgelistet. In dieser Reihenfolge soll auf die verschiedenen Experimentserien Bezug genommen werden (Serie 1 bezeichnet das Selten/Schuster-Experiment usw.). Mit der zusätzlichen Angabe der Runden-Nummer kann jedes Spielergebnis identifiziert werden.

Die Spieler in Serie 2 und 3 unterlagen den gleichen Kommunikations- und Verhandlungsregeln wie die in Serie 1; in Serie 4 unterlagen die Spieler ebenfalls keinen Kommunikationsbeschränkungen, jedoch war das erste Anmelden einer Gewinnkoalition mit Auszahlungsaufteilung bindend, es gab keine Bedenkfrist.

Ziel von Albers' Untersuchung war das Beobachten des Verhandlungsablaufes (Vorschlagen, Annehmen, Ablehnen von Koalitionen) und der Vergleich

16 Ein viertes Experiment, in welchem der Apex-Spieler durch 2 Spieler repräsentiert wurde, soll hier außer Betracht bleiben.

Tabelle 3.3

Experimentergebnisse Spielserie 2[a)]

	Auszahlungsaufteilung				
Runde	(x_A,	x_{B2},	x_{B3},	x_{B4},	x_{B5})
1	(0.749,	0.251,	0,	0,	0)
2	(0.701,	0.299,	0,	0,	0)
3	(0.7,	0.3,	0,	0,	0)
4	(0.7,	0.3,	0,	0,	0)
5	(0.7,	0.3,	0,	0,	0)
6	(0.7,	0.3,	0,	0,	0)
7	(0.65,	0.35,	0,	0,	0)
8	(0.65,	0,35,	0,	0,	0)
9	(0.65,	0.35,	0,	0,	0)
10	(0.65,	0.35,	0,	0,	0)
11	(0,65.	0.35,	0,	0,	0)
12	(0.65,	0.35,	0,	0,	0)
13	(0.625,	0.375,	0,	0,	0)
14	(0.6,	0.4,	0,	0,	0)
15	(0.6,	0.4,	0,	0,	0)
16	(0.6,	0.4,	0,	0,	0)
17	(0.6,	0.4,	0,	0,	0)
18	(0.6,	0.4,	0,	0,	0)
19	(0.35,	0.65,	0,	0,	0)
20	(0,	0.501,	0.166,	0.166,	0.166)
21	(0,	0.5,	0.166,	0.166,	0.166)
22	(0,	0.251,	0.249,	0.249,	0.249)
23	(0,	0.25,	0.25,	0.25,	0.25)
24	(0,	0.25,	0.25,	0.25,	0.25)
25	(0.25,	0.25,	0.25,	0.25,	0)

a) Auch hier und in den beiden folgenden Tabellen wurden die einzelnen Runden entsprechend den aufgetretenen Gewinnkoalitionen numeriert und geordnet.

der Verhandlungsergebnisse mit seinem Lösungskonzept, das auf der Basis der Koalitionsblockbildung die Auszahlungen für Gewinnkoalitionen als Linearkombination von sog. extremen Alternativen vorhersagt[17].

[17] Zu den genauen Definitionen vgl. Albers, pp. 204-206, sowie die dort angegebene Literatur von Albers.

Tabelle 3.4

Experimentergebnisse Spielserie 3

Runde	Auszahlungsaufteilung			
	(x_A,	x_{B2},	x_{B3},	x_{B4})
1	(0.65,	0.35,	0,	0)
2	(0.65,	0.35,	0,	0)
3	(0.6,	0.4,	0,	0)
4	(0.6,	0.4,	0,	0)
5	(0.6,	0.4,	0,	0)
6	(0.6,	0.4,	0,	0)
7	(0,	0.333,	0.333,	0.333)
8	(0,	0.333,	0.333,	0.333)
9	(0,	0.333,	0.333,	0.333)
10	(0,	0.333,	0.333,	0.333)
11	(0.5,	0.3,	0.1,	0.1)
12	(0.45,	0.3,	0.125,	0.125)
13	(0.3,	0.3,	0.2,	0.2)
14	(0.3,	0.3,	0.2,	0.2)
15	(0.25,	0.25,	0.25,	0.25)
16	(0.25,	0.25,	0.25,	0.25)

Tabelle 3.5

Experimentergebnisse Spielserie 4

Runde	Auszahlungsaufteilung (x_A,	x_{B2},	x_{B3},	x_{B4})
1	(0.7,	0.3,	0,	0)
2	(0.7,	0.3,	0,	0)
3	(0.7,	0.3,	0,	0)
4	(0,7,	0.3,	0,	0)
5	(0.65,	0.35,	0,	0)
6	(0.6,	0.4,	0,	0)
7	(0.6,	0.4,	0,	0)
8	(0.6,	0.4,	0,	0)
9	(0.5,	0.5,	0,	0)
10	(0,	0.333,	0.333,	0.333)
11	(0,	0.333,	0.333,	0.333)
12	(0,	0.333,	0.333,	0.333)
13	(0,	0.333,	0.333,	0.333)
14	(0,	0.333,	0.333,	0.333)
15	(0,	0.333,	0.333,	0.333)
16	(0,	0.5,	0.3,	0.2)

3.3.4. Die Ergebnisse in der Zusammenfassung

Die folgende Tabelle gibt einen Überblick darüber, welche Typen von Gewinnkoalitionen wie oft in den einzelnen Experimentserien aufgetreten sind.

Tabelle 3.6

Häufigkeiten der verschiedenen Gewinnkoalitionen

	$\{1, i\}$ $i \in N - \{1\}$	$\{2, \ldots, n\}$	N	andere nicht-minimale Gewinn-koalitionen	Summe
Serie 1	8	2	1	1	12
Serie 2	19	5	0	1	25
5-Personen Spiele	27	7	1	2	37
insgesamt	73,0 %	18,9 %	2,7 %	5,4 %	100
Serie 3	6	4	6	0	16
Serie 4	9	7	0	0	16
4-Personen Spiele	15	11	6	0	32
insgesamt	46,9 %	34,4 %	18,8 %		100,1

Während die Ergebnisse von Serie 1 und Serie 2 sich sehr ähneln, fällt auf, daß in Serie 3 insgesamt 6 große Koalitionen auftraten, während in Serie 4 diese Zahl gleichmäßig auf die beiden möglichen Typen von minimalen Gewinnkoalitionen aufgeteilt ist. Dies mag auf die oben beschriebene Änderung in der Versuchsdurchführung zurückzuführen sein, die bewirkte, daß eine einmal ausgehandelte Koalition keine Bedenkzeit zu überstehen hatte, während der die übrigen Spieler sonst versuchen konnten, das Ergebnis noch zu beeinflussen.

Das Faktum, daß in den 4-Personen-Spielen die 2-Personen-Koalitionen eindeutig seltener auftraten als in den 5-Personen-Spielen, kann wohl vor allem auf die unterschiedliche Spielerzahl zurückgeführt werden. Drei Base-Spieler einigen sich in aller Regel wohl eher als deren vier. Auch ist der Betrag c im einen Fall auf drei, im anderen auf vier Personen zu verteilen, während der Apex-Spieler immer mit den gleichen Angeboten locken kann.

Der gleichen Argumentation folgend kann auch das häufigere Auftreten der Koalition aller Spieler in den 4-Personen-Spielen begründet werden. Dabei tritt in Serie 4 eine solche Koalition gar nicht auf, was aber wiederum auf die Kommunikationsbedingungen zurückzuführen sein dürfte.

Insgesamt 9 mal, das sind 13 % aller Spiele, erwies sich eine nicht-minimale Gewinnkoalition (Def. 2.6) als stabil im Sinne der jeweiligen Spielbedingungen.

Die folgende Tabelle 3.7 gibt die durchschnittlichen Auszahlungen für Apex- und Base-Spieler in den einzelnen Serien wieder.

Tabelle 3.7

Durchschnittliche Auszahlung der Spielertypen

	a priori-Auszahlungserwartung		a posteriori-Auszahlungserwartung	
	Apex-Spieler	Base-Spieler	Apex-Spieler	Base-Spieler
Serie 1	0,4458	0,1385	0,535	0,2891
Serie 2	0,495	0,1262	0,6188	0,3005
5-Pers.-Spiele insges.	0,4790	0,1302	0,5909	0,2965
Serie 3	0,3594	0,2136	0,4792	0,2846
Serie 4	0,3594	0,2134	0,6389	0,3415
4-Pers.-Spiele insges.	0,3594	0,2135	0,5476	0,3105

Die gefundenen Häufigkeiten und errechneten Durchschnitte sollen im folgenden auch als Wahrscheinlichkeiten und Erwartungswerte angesehen werden. Es ist klar, daß dies so nur für solche durchzuführenden Spiele interpretiert werden kann, die den von Albers und Selten vorgestellten im Experimentdesign gleichen.

Die beiden ersten Spalten, als a priori-Auszahlungserwartung bezeichnet, geben die durchschnittlichen Auszahlungen für alle in den Spielen der jeweiligen Serie engagierten Apex- bzw. Base-Spieler wieder. Die als a posteriori-Auszahlungserwartung bezeichneten anderen Spalten geben die durchschnittliche Auszahlung für Apex- bzw. Base-Spieler in einer stabilen Gewinnkoalition an. Die Bezeichnung „a posteriori" folgt dabei dem Gedanken, daß es sich hier um eine Auszahlungserwartung für einen Spieler handelt, gegeben er ist Mitglied einer Gewinnkoalition. Definitionsgemäß ergibt dann die Division der Werte in der a priori-Spalte durch die entsprechenden Werte der a posteriori-Spalte der gleichen Zeile die Wahrscheinlichkeit für einen Spielertyp, Mitglied in einer Gewinnkoalition zu sein. Dies kann wiederum anhand der Ergebnisse in den Tabellen 3.2 bis 3.5 überprüft werden.

Auffallend sind die fast identischen Ergebnisse der Serien 3 und 4 in den Spalten 1 und 2 trotz der verschiedenen aufgetretenen Gewinnkoalitionen[18]. Aber auch in den 5-Personen-Spielen ähneln sich die Ergebnisse so sehr, daß die Zusammenfassung der jeweiligen Serien zur Zeile „4- bzw. 5-Personen-Spiele insgesamt" unbedenklich erscheint.

In den Spalten 3 und 4 unterscheiden sich allerdings die a posteriori-Auszahlungserwartungen für die Serien 3 und 4 erheblich voneinander. Dies ist wohl wiederum auf die unterschiedlichen Kommunikationsbedingungen zurückzuführen. Die Durchschnitte über beide Serien von 4-Personen-Spielen sollten daher immer nur mit Rücksicht auf diese differierenden Ausgangssituationen diskutiert werden.

Vergleicht man die Ergebnisse in der Tabelle 3.7 für die 4-Personen-Spiele mit denen der 5-Personen-Spiele, so fällt auf, daß die a priori-Auszahlungserwartungen für die Apex-Spieler in den Spielen der Serien 3 und 4 eindeutig niedriger liegen als in den Serien 1 und 2, für die Base-Spieler gilt naturgemäß das Umgekehrte. Die a posteriori-Erwartungswerte, also die Auszahlungserwartung für die Mitglieder einer Gewinnkoalition, differieren bei den beiden Spielvarianten bedeutend weniger. Es scheint also für die Aufteilung des Betrages c auf die Mitglieder einer Gewinnkoalition relativ unerheblich zu sein, ob an dem Spiel 4 oder 5 Spieler teilnehmen.

Nach diesem kurzen Vergleich der Ergebnisse der Spielserien 1 bis 4 untereinander soll im nächsten Abschnitt untersucht werden, inwieweit diese Ergebnisse mit den Lösungen der spieltheoretischen Lösungskonzepte für kooperative n-Personen-Spiele mit Seitenzahlungen übereinstimmen.

3.3.5. Vergleich der Experimentausgänge mit den Lösungen der verschiedenen Lösungskonzepte

Die drei in Abschnitt 2.3.2.2 eingeführten Wertfunktionen, Shapley-Wert, Banzhaf-Index und Nucleolus, stimmten mit keinem einzigen der insgesamt 69 Experimentausgänge überein. Dies war auch, wie bei der Vorstellung der Konzepte schon erläutert, nicht zu erwarten. Die Wertfunktionen können höchstens im Durchschnitt die Ergebnisse der Experimente wiedergeben. Ob dies auch bei den Experimenten von Albers und Selten der Fall ist, soll weiter unten geprüft werden.

---

[18] Die unterschiedlichen Werte für die Base-Spieler bei gleichen Werten für die Apex-Spieler ergeben sich durch Rundungsfehler in den Tabellen mit allen Experimentergebnissen (Tab. 3.2 bis 3.5).

3.3.5.1. Konzepte, die mehrelementige Lösungsmengen erzeugen

Art der Darstellung

Als erstes soll untersucht werden, wie die Lösungsmengen der 9 vorgestellten Stabilitätsmengen und das Konzept der Equal Share Analysis, mit den Ergebnissen der Experimente von Albers und Selten harmonieren.

Dies ist im Grunde nichts anderes als ein Vergleich der Spalten 2 und 4 bzw. 5 der Tabelle 2.1, wo die von den jeweiligen Konzepten erlaubten Lösungsmengen und die Auszahlungen für $c = 1$ und $n = 4$ bzw. $n = 5$ stehen, mit den Experimentausgängen aus den Tabellen 3.2, 3.3 bzw. 3.4 und 3.5. Das Resultat dieses Vergleichstests ist in Tabelle 3.8 auf der folgenden Seite wiedergegeben. Für die vier Spielserien ist jeweils oben die Anzahl der Fälle eingetragen, in denen ein Experimentausgang genau den Theorievorhersagen entspricht. Der darunter stehende Wert gibt den entsprechenden prozentualen Anteil an. Die Zahlen in Klammern weisen auf Auszahlungsaufteilungen hin, die sehr nahe an den Theorievorhersagen liegen[19].

Bei den Fällen in Serie 2 handelte es sich offenbar um ϵ-Überlegungen, so erhielt z.B. der Base-Spieler in Runde 1 die kleinste Auszahlungseinheit mehr, als ihm bei einer Koalition der Base-Spieler zugestanden hätte.

Dies trifft genau die Überlegungen, die zum Gleichaufteilungskern (vgl. Def. 2.44) führten. In Runde 22 dürfte die Situation ähnlich gewesen sein, nur haben hier möglicherweise die übrigen drei Base-Spieler ihren vierten Mit-Base-Spieler von einer Koalition mit dem Apex abgehalten. Die Abweichungen in Serie 3 dürften in der Bevorzugung prominenter Zahlenwerte begründet sein.

Während die ersten 4 Spalten der Tabelle 3.8 die oben beschriebenen Daten für die Spielserien 1 bis 4 enthalten, finden sich in den Spalten, 5, 6 und 7 die Zusammenfassungen der 5- bzw. 4-Personen-Spiele und eine Aggregation über alle Spielserien.

Vergleich der Experimentserien untereinander

Relativ schlecht schneiden alle Konzepte in Serie 1 ab, während in den anderen drei Serien die Konzepte im großen und ganzen jeweils ähnliche Tref-

19 Hier handelt es sich um Runde 1, (x = (0.749, 0.251, 0, 0, 0). Abweichung von gut einem Promille gegenüber dem Wert, den die von Neumann-Morgenstern-Lösung bzw. die kompetitive Verhandlungsmenge für den Apex-Spieler angeben) und Runde 22 in Serie 2, (x = (0, 0.251, 0.249, 0.249) Abweichung von 0,4 % für den Apex-Spieler) sowie Runde 1 und 2 in Spielserie 3 (x = (0.65, 0.35, 0, 0), Abweichung von 2,6 % für den Apex-Spieler).

Tabelle 3.8: **Vergleich der Experimentergebnisse mit den Vorhersagen der spieltheoretischen Lösungskonzepte**

	Serie 1	Serie 2	Serie 3	Serie 4	Summe der 5-Pers.-Spiele	Summe der 4-Pers.-Spiele	Summe über alle Spiele
I	0	3 (+ 1)	4 (+ 2)	6	3 (+ 1)	10 (+ 2)	13 (+ 3)
	0	16	37,5	37,5	10,8	37,5	23,2
M	6	18 (+ 1)	6	9	24 (+ 1)	15	39 (+ 1)
	37,5	76	37,5	56,3	67,6	46,9	58,0
M_1	6	20 (+ 1)	10	15	26 (+ 1)	25	51 (+ 1)
	37,5	84	62,5	93,8	73,0	78,1	75,4
$M^{(i)}$	6	18 (+ 1)	10	9	24 (+ 1)	19	43 (+ 1)
	37,5	76	62,5	56,3	67,6	59,4	63,8
$M_1^{(i)}$	7	20 (+ 1)	10	15	27 (+ 1)	25	52 (+ 1)
	43,8	84	62,5	93,8	75,7	78,1	76,8
H_1	0	(1)	(2)	0	(1)	(2)	(3)
	0	4	12,5	0	2,7	6,3	4,3
$H_1^{(i)}$	0	(1)	(2)	0	(1)	(2)	(3)
	0	4	12,5	0	2,7	6,3	4,3
K	1	0	0	0	1	0	1
	6,3	0	0	0	2,7	0	1,4
E	6	18	6	9	24	15	39
	37,5	72	37,5	56,3	64,9	46,9	56,5
Q	0	3 (+ 2)	4	6	3 (+ 2)	10	13 (+ 2)
	0	20	25	37,5	13,5	31,3	21,7

ferquoten erzielen[20]. Der Abfall in Serie 1 läßt sich eindeutig auf das dreimalige Auftreten von sehr asymmetrischen Auszahlungsaufteilungen auf die Base-Spieler in einer Gewinnkoalition und die beiden Fälle von Apex-Koalitionen mit einer Auszahlung von mehr als $c/2$ für den Base-Spieler zurückführen. Diese 5 von insgesamt 12 Fällen (41,7 %) sind von keinem Lösungskonzept erfaßt. Dieser Anteil liegt bei den anderen Spielserien bei 16 %, 25 % und 6,3 % (Serien 2, 3, 4). Dies erklärt die generell höhere Trefferquote in diesen Experimentserien.

Die Lösungskonzepte im Vergleich

Eindeutige „Sieger des Vergleichstests" sind die vier Konzepte der Verhandlungsmengen und hierunter wiederum die Menge $M_1^{(i)}$, in der in allen Serien die meisten Experimentergebnisse liegen. Insgesamt 76,8 % aller Spielausgänge werden von $M_1^{(i)}$ erfaßt. Auf der anderen Seite haben die extremen Alternativen in der Verhandlungsmenge, die kompetitiven Verhandlungsmengen einerseits und der Kernel andererseits, keine praktische prognostische Relevanz. Besser, mit etwas mehr als 20 % aller Spiele, liegen die Quasi-Quoten und die von Neumann-Morgenstern-Lösung. Die equal share analysis nach Selten hat mit 56,5 % nur eine etwas geringere Trefferquote als die Verhandlungsmenge M.

Exkurs: Prognosefähigkeit versus Größe der Lösungsmenge

Diese Art, die Konzepte zu vergleichen, ist aber sehr problematisch, da keine Relativierung im Hinblick auf die unterschiedlichen Mächtigkeiten der Mengen vorgenommen wird. Faßt man die Wertfunktionen als einelementige Lösungsmengen auf und ruft man sich in Erinnerung, daß kein Experimentausgang mit dem Ergebnis einer Wertfunktion auch nur annähernd übereinstimmte, und betrachtet man auf der anderen Seite eine fiktive Lösungsmenge, die aus allen möglichen Auszahlungskonfigurationen für das Apex-Spiel besteht und in der dann natürlich alle denkbaren Spielergebnisse liegen, so erkennt man das – hier überspitzt dargestellte – Dilemma, das verschieden mächtige Lösungsmengen herrufen. Mit dem Wachsen der Menge steigt der Anteil der Experimentausgänge, die tatsächlich in dieser Menge liegen, aber es sinkt die prognostische Effektivität einer solchen Menge.

Ein vor allem im eindimensionalen Fall sehr einfaches Mittel, die verschiedenen Mächtigkeiten in die Betrachtung einzubeziehen, wäre es, die Zahl der Experimentausgänge, die in der Lösungsmenge liegen, durch ein Maß für die

[20] Sieht man von 3 Einbrüchen bei I in Serie 2 und von M und E in Serie 3 ab.

Größe der Menge zu dividieren[21]. Dieses Verfahren ließe sich auch auf mehrdimensionale Fälle erweitern, indem man den Apex-Spieler und die Base-Spieler einzeln betrachtet und so auf den eindimensionalen Fall zurückführt. Auf diese Weise ließen sich zumindest die Mengen leicht vergleichen, in denen die gleichen Typen von Gewinnkoalitionen auftreten. Ist dies nicht der Fall, so müßte wohl im mehrdimensionalen Raum und mit Abstandsnormen argumentiert werden.

All diese Ansätze bedingen aber, daß die möglichen Auszahlungen für einen Spieler ein Intervall bilden und nicht nur einen einzigen Punkt. Die Lösungsmengen der von Neumann-Morgenstern-Lösung, des Kernel, der kompetitiven Verhandlungsmengen schreiben aber als Auszahlung für den Apex- und die mit ihm in Koalition stehenden Base-Spieler immer einen bestimmten Wert vor. Diese Konzepte geben als Lösung eine Menge von isolierten Punkten im $\mathbb{R}^n$ an.

Die Verhandlungsmengen nach Aumann/Maschler und das Konzept von Selten erzeugen abgeschlossene Intervalle als mögliche Auszahlungen für die einzelnen Spieler in einer Gewinnkoalition. Diese Lösungsmengen können als Hyperebenen oder als Menge von Hyperebenen im $\mathbb{R}^n$ angesehen werden.

Eine Möglichkeit, dieses Dilemma zu umgehen, wäre dadurch gegeben, daß man eine Lösung, die aus einem Punkt besteht, durch eine Umgebung repräsentiert. Auf diese Weise könnte man eine Menge von isolierten Punkten in eine Menge von Auszahlungsintervallen überführen, was die Vergleichbarkeit der verschiedenen Lösungsmengen erleichtern könnte. Schwierig ist hier allerdings die Wahl der richtigen Größe einer solchen Umgebung.

Die genau gegensätzliche Vorgehensweise skizziert der folgende Gedankengang:

Die Schwierigkeit, ein Kontinuum von Auszahlungen mit einem einzigen Punkt zu vergleichen, könnte vermieden werden, wenn man ein Intervall von möglichen Auszahlungen durch eine Menge von diskreten Punkten, z.B. Auszahlungen nur in vollen Pfennigen, repräsentiert. Die Trefferquote in einer solchen Menge ließe sich ohne weiteres, relativiert eben durch die Anzahl der Punkte, mit der Zahl von Experimentausgängen vergleichen, die in einer einelementigen Lösungsmenge liegen.

Ein solches Verfahren ist nicht invariant gegenüber c, der Auszahlung für eine Gewinnkoalition. Eine Änderung von c verändert immer auch die Anzahl der im obigen Sinne diskreten Punkte eines Intervalls in $[0, c]$. Auch dieser Ansatz führt kaum zur Vergleichbarkeit von verschieden großen Lösungsmengen mit Rücksicht auf deren Mächtigkeit.

Zusammenfassend kann man den an den Anfang dieses Kapitels gestellten Vergleich der Trefferquoten der einzelnen Lösungsmengen nicht als zufrieden-

---

21 Typischerweise wäre hier das Lebesgue-Maß zu nennen.

stellend bezeichnen. Jedoch sind auch die denkbaren Alternativen nicht ohne Nachteile.

3.3.5.2. Vergleich der Wertfunktionen

Kein Vektor, der von einer der drei vorgestelten Wertfunktionen als Lösung des Apex-Spiels der Form A_2 angegeben wird, ist auch nur durch ein Experimentergebnis bestätigt worden. Wie steht es mit den Durchschnitten?

Die Tabelle 3.9 gibt noch einmal die a priori-Auszahlungserwartungen für den Apex- und die Base-Spieler wieder, wie sie schon in Tabelle 3.7 gezeigt wurden. Diesen gegenübergestellt sind die Vektoren, die die Wertfunktionen als Lösung liefern (vgl. Tabelle 2.1).

Tabelle 3.9

Durchschnitte und Wertfunktionen

	5-Personen-Spiele		4-Personen-Spiele	
	Apex-Spieler	Base-Spieler	Apex-Spieler	Base-Spieler
Serie 1/3	0,4458	0,1385	0,3594	0,2136
Serie 2/4	0,495	0,1262	0,3594	0,2134
Durchnitt über beide Serien	0,4790	0,1302	0,3594	0,2135
Shapley-Wert	0,6	0,1	0,5	0,1667
Banzhaf-Index	0,6363	0,0909	0,5	0,1667
Nucleolus	0,4286	0,1429	0,4	0,2

Shapley-Wert und Banzhaf-Index überschätzen den Apex-Spieler extrem. Das „beste" Ergebnis von beiden erzielt der Shapley-Wert noch in Serie 2, wo er den Wert für den Apex-Spieler um 21,2 % über den experimentell gefundenen Wert ansetzt. Das andere Extrem markiert der Banzhaf-Index, dessen Wert für den Apex-Spieler das Durchschnittsergebnis von Serie 1 um 42,7 % übertrifft.

Der Nucleolus unterschätzt die experimentell gefundene a priori-Auszahlungserwartung für den Apex-Spieler in den 5-Personen-Spielen um 10 %, er überschätzt diesen Wert hingegen in den 4-Personen-Spielen um 10,5 %. Damit hält das Konzept des Nucleolus der Überprüfung durch den Durchschnitt von experimentell gefundenen Ergebnissen am besten von den drei vorgestellten Wertfunktionen stand.

3.4. Experimentelle Überprüfung der Vickrey-Auktion

3.4.1. Verwandte Experimente

Es gibt, mit der Ausnahme, die in Abschnitt 3.4.2. dargestellt wird, keine experimentellen Studien, die sich mit der Vickrey-Auktion befassen.

Einen guten Überblick über die experimentelle Analyse von Auktionen und verwandten Situationen findet man bei Smith (1976)[22].

Die Studien, die sich mit Situationen beschäftigen, die der der Vickrey-Auktion am nächsten kommen, stammen von Smith (1967) selbst[23] und Belovicz[24]. Um den Unterschied zur Vickrey-Auktion deutlich zu machen, sollen kurz die Regeln dieser Auktion dargestellt werden.

Es geht um den Verkauf von m (> 1) homogenen Gütern an n (> m) Interessenten (Bieter). Die Bieter handeln unabhängig voneinander und reichen jeder zwei Gebote ein. Smith und Belovicz testeten zwei Versionen, in denen sich der Verkaufspreis auf verschiedene Weise bestimmte.

Version A: Die m höchsten Gebote kommen zum Zuge. Der Verkaufspreis für jede Einheit des Gutes ist gleich dem Gebot, das für das Gut gemacht worden ist. Es können also bis zu m verschiedene Preise resultieren (discriminative version).

Version B: Wiederum werden die m Gütereinheiten an die Bieter mit den m höchsten Geboten verkauft. Der Preis für jedes Gut entspricht dann aber dem niedrigsten zum Zuge gekommenen Gebot. Es resultiert für alle Verkäufe also der gleiche Preis (competitive version).

Haben mehr als m Käufer durch ihre Gebote Anrecht auf den Kauf einer Einheit des Gutes, d.h., das niedrigste relevante Gebot ist mehrmals abgegeben worden, so entscheidet das Los zwischen diesen Bietern.

Version B kommt der Vickrey-Auktion sehr nahe, in der der Preis für das einzige zu verkaufende Gut durch das höchste nicht zum Zuge gekommene Gebot bestimmt wird. Aufgrund der großen Anzahl der zu verkaufenden Gütereinheiten ist möglicherweise der Unterschied im Verkaufspreis, der sich zwi-

---

22 Vgl. Smith, V. L.: Bidding and Auctioning Institutions: Experimental Results, in: Bidding and Auctioning for Procurement and Allocation, Yakov Amihud (ed.), New York 1976, pp. 43-64.

23 Vgl. Smith, V. L.: Experimental Studies of Discrimination versus Competition in Sealed-Bid Auction Markets, in: Journal of Business, vol. 40, no. 1, 1967, pp. 56-84.

24 Vgl. Belovicz, M.: The Sealed-Bid Auction: Experimental Studies, Ph. D. Thesis, Purdue University, 1967.

schen Version B und der Vickrey-Auktion ergibt, nicht so gravierend. Dies gilt insbesondere, wenn man bedenkt, daß in fast allen Auktionsrunden, die Smith durchführte, Gebote, die dem niedrigsten akzeptierten entsprachen, durch Zufallsentscheid zurückgewiesen werden mußten. Die Vickrey-Auktion, für den Verkauf von *m* Gütern eingesetzt und gleiches Gebotsverhalten vorausgesetzt, hätte in diesen Fällen zum gleichen Verkaufspreis geführt.

Dies kann aber nicht die Tatsache verdecken, daß den Verkaufsformen, die Smith und Belovicz untersuchten, die wünschenswerten normativen Eigenschaften (Betrugssicherheit) der Vickrey-Auktion fehlen.

3.4.2. Test des tatsächlichen Verhaltens in Vickrey-Auktionen

3.4.2.1. Gegenstand und Ziel der Untersuchung

Eine Serie von Experimenten, die das tatsächliche Entscheidungsverhalten in Vickrey-Auktionen untersucht, ist von Güth u.a.[25] durchgeführt worden. Während sich ein Teil der Versuche auf abgewandelte Auktionssituationen bezieht, und auch das Verhalten einer Gruppe von Spielern während einer Serie von Auktionen untersucht wird, betrachtet das Hauptexperiment, das 230 Beobachtungen erfaßt, das Verhalten in Auktionen, die genau der in Abschnitt 2.4 beschriebenen Vickrey-Auktion entsprechen.

Generell zu erwarten, daß das tatsächlich beobachtbare Verhalten in einer ökonomischen Entscheidungssituation sich mit der normativen Lösung dieser Situation deckt, wäre sicherlich naiv. Auch wenn es eine eindeutig bestimmbare normative Lösung gibt[26] und nicht sehr viele normative Lösungsansätze[27], so bleibt doch fraglich, ob das Verhalten von Versuchspersonen, die im Rahmen eines Labortests mit solchen Situationen konfrontiert werden, der normativen Lösung entsprechen wird.

Dies zu überprüfen war Aufgabe der obengenannten Versuchsserie[28]. Die Vickrey-Auktion bot sich aus mehreren Gründen für einen solchen Test an, obwohl sie für denjenigen, der sie nicht kennt, über ungewöhnliche Regeln

---

25 Vgl. Güth, W. / Schmittberger, R. / Schwarze, B.: Vickrey-Auction Games – A Theoretical and Experimental Analysis of the Bidding Behavior –, Diskussionspapier des Seminars für Wirtschaftliche Staatswissenschaften, Universität zu Köln, 1981. Zeitschrift für die Gesamte Staatswissenschaft, Juni 1983.

26 Wie zum Beispiel bei der Lösung der Vickrey-Auktion, vgl. Abschnitt 2.4.2 dieser Arbeit.

27 Vgl. die verschiedenen Ansätze der kooperativen Spieltheorie, Abschnitt 2.3.2 dieser Arbeit.

28 Vgl. Güth u.a., p. 7.

verfügt. Da führt einmal das Bekunden der Wahrheit zum bestmöglichen Verhalten. Dieses Offenbaren wahrer Präferenzen ist gerade in der Vickrey-Auktion von besonderer Prominenz. Jede andere Entscheidung verlangt komplizierte Überlegungen über die wahren Werte der anderen Spieler für das zu versteigernde Gut und über deren Aktionen und Überlegungen. Wird dann noch durch den Experimentaufbau, wie er im folgenden Abschnitt beschrieben wird, die Entscheidung, den wahren Wert auch zu bieten, besonders einfach gemacht, so könnte doch das beobachtete Verhalten gegen das normativ beste Verhalten tendieren. Ob dies der Fall war, wird in Abschnitt 3.4.2.3 beschrieben werden.

3.4.2.2. Experimentaufbau und -durchführung

Die beiden Experimente, über die hier berichtet werden soll, waren die grundlegenden und wichtigsten in der Arbeit von Güth u.a. Sie wurden zu Beginn des Wintersemesters 1978/79 mit Studenten der Wirtschaftswissenschaften (überwiegend 1. und 2. Semester) durchgeführt. Es kann davon ausgegangen werden, daß die Teilnehmer nicht mit den Möglichkeiten der Spieltheorie vertraut waren, Entscheidungssituationen zu beschreiben und zu lösen.

Nach einer kurzen Erklärung der Auktionsregeln wurden zwei Beispiele durchgerechnet, um die Wirkung der Auktionsregeln zu demonstrieren. Da in jeder Auktionsrunde 5 Bieter teilnehmen sollten, wurden die Teilnehmer dann in 5 gleich große Gruppen unterteilt, die räumlich voneinander getrennt wurden. Innerhalb einer Gruppe konnte zwar Kommunikation nicht unterbunden werden, zwischen den einzelnen Gruppen aber war sie nicht möglich. Da sich in jeder Gruppe nur ein Bieter einer Auktionsrunde befand, war zwischen den Teilnehmern an einer Runde keine Kommunikation möglich.

Sodann wurde jedem Teilnehmer ein Entscheidungsblatt ausgehändigt, das in Darstellung 3.10 wiedergegeben ist.

Darstellung 3.10

Entscheidungsblatt der Teilnehmer in Vickrey-Auktionen

Teilnehmer-Nummer: ....
Ihr Wiederverkaufswert beträgt ....

- -

Ihre Entscheidung:
Ich biete DM .... für das Gut.
(Sie können jeden Betrag zwischen 0 und .... DM bieten)

Die Teilnehmer-Nummer setzte sich aus einem Großbuchstaben für die Auktionsrunde und einer Zahl zur Kennzeichnung des Spielers zusammen. Diese Teilnehmer-Nummer fand sich ebenfalls auf einem kleinen Ticket wieder, das dem Entscheidungsblatt beigefügt war und das bei dem Spieler verblieb und ihm als Ausweis gegenüber den Experimentatoren diente.

Die Obergrenzen der Gebote betrugen im ersten Experiment, auf das im folgenden auch als „naives Verhalten" Bezug genommen werden soll, DM 10,–, im zweiten Durchgang (erfahrenes Verhalten) DM 20,–.

Die Darstellung des Entscheidungsblattes verdeutlicht auch, warum das optimale Verhalten in diesem Experiment so besonders einfach war, wie im vorigen Abschnitt angedeutet.

Der Wiederverkaufswert oder wahre Wert war jedem Spieler durch das Experiment vorgegeben! Es wurde darauf Wert gelegt, daß diese wahren Werte einen weiten Teilbereich der vorgegebenen Grenzen von 0 und 10 DM umfaßten. So lag der niedrigste wahre Wert im allgemeinen unter 2, der höchste über 8 DM. Im zweiten Experiment wurden diese Werte um DM 10 erhöht. Da den Teilnehmern die Entscheidungsformulare und damit ihre Wiederverkaufswerte per Zufall zugeteilt wurden, änderte sich der Wert für den einzelnen jeweils um mehr oder weniger als 10 DM, so daß die einfache lineare Transformation den Teilnehmern nicht bewußt werden konnte.

Bei den Vickrey-Auktionen, die auf diese Weise durchgeführt wurden, war es unnötig, sich über seine eigene Werteinschätzung Gedanken zu machen, und es war das einfachste Verhalten, den prominenten, weil einzig vorgegebenen Wert, in das Entscheidungsblatt einzutragen und somit diesen Betrag für das Gut zu bieten. Ob das tatsächliche Verhalten dieser Vorstellung gerecht wurde, zeigt der folgende Abschnitt.

3.4.2.3. Die Ergebnisse

In den Tabellen 3.11 (naives Verhalten) und 3.12 (erfahrenes Verhalten) auf den beiden folgenden Seiten sind die Entscheidungen der Spieler im Vergleich zu ihren wahren Werten aufgelistet[29]. Jede Zeile entspricht einer Auktion (A, B, ...), innerhalb der für jeden Spieler i ($i = 1, \ldots, 5$) jeweils sein Wiederverkaufswert v_i und sein Gebot a_i angegeben sind. Als Maß für die Abweichung liegt es nahe,

$$d_i = \frac{a_i - v_i}{v_i}$$

[29] Die geschrumpfte Datenbasis im zweiten Experiment ist auf die abnehmende Hörerzahl im Laufe des Semesters zurückzuführen.

Tabelle 3.11

Test des Verhaltens in Vickrey-Auktionen (naives Verhalten)

Runde	v_1	a_1	v_2	a_2	v_3	a_3	v_4	a_4	v_5	a_5
A	1,35	1,34	9,50	7,50	2,75	1,95	5,00	5,01	6,75	6,60
B	8,25	6,00	7,85	8,35	1,00	0,99	2,95	2,51	4,55	3,50
C	5,05	1,75	6,55	7,00	2,45	2,42	8,05	5,00	2,55	1,15
D	4,45	4,45	8,35	9,00	6,55	6,54	6,45	9,99	1,15	1,00
E	4,55	4,07	9,95	5,40	6,55	3,10	1,05	1,04	2,55	2,50
F	10,00	5,55	8,00	7,79	5,00	4,50	4,00	2,00	2,00	1,99
G	2,00	1,80	4,00	4,00	6,00	4,00	7,00	5,50	9,50	6,50
H	2,75	2,50	4,55	3,00	9,90	9,20	6,55	6,00	2,45	2,46
I	1,05	0,90	2,55	2,10	4,55	4,02	10,00	4,43	6,55	5,00
J	8,00	8,01	6,50	6,00	10,00	10,00	2,50	2,00	4,50	6,50
K	2,35	2,35	4,35	3,95	6,35	4,50	7,35	7,35	9,35	6,00
L	7,95	4,25	1,00	1,50	2,56	1,01	5,45	4,50	9,95	9,95
M	2,45	1,70	7,95	5,95	10,00	9,80	2,55	4,05	5,00	1,00
N	9,00	9,80	8,00	3,60	6,00	8,00	4,00	3,95	2,00	0,50
O	5,75	1,50	7,85	7,22	9,95	9,02	2,50	2,50	4,50	2,50
P	1,00	1,50	2,50	2,00	4,50	4,00	7,50	5,50	9,63	7,63
Q	2,50	2,00	1,50	1,00	5,50	8,50	9,50	8,88	6,50	1,50
R	8,80	4,80	4,20	3,20	5,75	4,00	7,15	7,16	1,85	0,50
S	9,35	5,63	2,15	4,00	5,50	5,60	7,50	6,80	3,25	3,24
T	1,75	1,00	8,75	7,75	5,30	1,50	7,20	7,20	4,45	4,45
U	2,55	8,87	6,50	4,50	8,05	5,50	7,95	3,00	1,00	0,80
V	9,95	8,88	6,55	3,55	4,55	3,99	2,55	2,00	2,45	2,00
W	7,95	8,50	8,05	8,00	1,05	1,00	6,45	3,00	4,45	2,95
X	2,45	8,87	2,55	2,00	9,45	3,98	7,95	5,90	5,00	1,75
Y	6,45	2,80	8,25	6,50	1,00	0,50	8,00	6,75	4,45	4,40
Z	5,00	3,50	8,00	7,90	4,00	2,10	10,00	5,00	2,50	1,00

v_i = vorgegebener wahrer Wert
a_i = Gebot

zu berechnen. Ausgehend von der graphischen Darstellung der prozentualen Abweichungen der Gebote von den wahren Werten[30] gibt Tabelle 3.13 die prozentualen Häufigkeiten des Auftretens der Absolutbeträge der Abweichungen in halboffenen Intervallen an. Demnach weichen 23,1 % im naiven Fall und sogar 62 % im erfahrenen Fall der Gebote weniger als 5 % nach oben oder unten vom Wiederverkaufswert ab. Der Bereich $0 \leq | d_i | < 5$ enthält die mei-

30 Vgl. Güth u.a., p. 14.

Tabelle 3.12

Test des Verhaltens in Vickrey-Auktionen (erfahrenes Verhalten)

Runde	v_1	a_1	v_2	a_2	v_3	a_3	v_4	a_4	v_5	a_5
A	11,35	15,00	19,50	19,45	12,75	12,75	15,00	15,00	16,75	16,75
B	18,25	20,00	17,85	17,87	11,00	10,00	12,95	13,00	14,55	8,00
C	15,05	10,00	16,55	17,00	12,45	10,00	18,05	20,00	12,55	18,00
D	14,45	14,45	18,35	18,35	16,55	20,00	16,45	20,00	11,15	15,00
E	14,55	14,54	19,95	19,99	16,55	14,53	11,05	11,05	12,55	11,00
F	20,00	18,00	18,00	14,00	15,00	15,01	14,00	14,00	12,00	12,05
G	12,00	11,15	14,00	6,00	16,00	16,00	17,00	17,10	19,50	19,60
H	12,75	12,75	14,55	9,80	19,90	19,00	16,55	11,50	12,45	12,45
I	11,05	11,04	12,55	13,01	14,55	14,55	20,00	20,00	16,55	16,60
J	18,00	20,00	16,50	15,00	20,00	20,00	12,50	5,50	14,50	14,50
K	12,35	12,36	14,35	14,35	16,35	12,35	17,35	19,50	19,35	20,00
L	17,95	17,90	11,00	11,00	12,56	12,27	15,45	15,44	19,95	19,95
M	12,45	12,40	17,95	17,96	20,00	20,00	12,55	20,00	15,00	15,00
N	19,00	19,00	18,00	17,50	16,00	15,50	14,00	10,50	12,00	12,30
O	15,75	13,00	17,85	17,85	19,95	12,80	12,50	13,00	14,50	14,50
P	11,00	11,00	12,50	12,50	14,50	15,00	17,50	13,50	19,63	18,63
Q	12,50	12,50	11,50	12,00	15,50	15,50	19,50	19,50	16,50	16,51
R	18,80	20,00	14,20	14,20	15,75	14,00	17,15	10,10	11,85	11,85
S	19,35	19,30	12,15	12,00	15,50	20,00	17,50	17,50	13,25	13,00
T	11,75	9,75	18,75	17,80	15,30	18,30	17,20	13,20	14,45	13,00

v_i = vorgegebener wahrer Wert
a_i = Gebot

Tabelle 3.13

Häufigkeiten der Abweichungen d_i in Prozent

Abweichungsverhalten in Prozent	Experimentserie 1 (naives Verhalten)	Experimentserie 2 (erfahrenes Verhalten)
$0 \leq \mid d_i \mid < 5$	23,1	62
$5 \leq \mid d_i \mid < 15$	19,2	14
$15 \leq \mid d_i \mid < 25$	13,8	10
$25 \leq \mid d_i \mid < 35$	13,1	5
$35 \leq \mid d_i \mid < 45$	5,4	4
$45 \leq \mid d_i \mid < \infty$	25,4	5

sten Beobachtungen, wobei man noch bedenken muß, daß die anderen angegebenen Bereiche mindestens doppelt so groß wie das Intervall $0 \leq | d_i | < 5$ sind.

Es sollte noch erwähnt werten, daß die größeren Abweichungen sich im erfahrenen Verhalten gleichmäßig auf Über- oder Unterbieten des wahren Wertes verteilen. Im Gegensatz dazu besteht beim naiven Verhalten eine eindeutige Tendenz zum Unterbieten des wahren Wertes.

Die Spannweite der prozentualen Abweichungen war besonders in Experimentserie 1 sehr hoch. Sie reichte von d_{min} = - 80 % bis d_{max} = + 62 %. Diese Spannweite schrumpfte zwar in Experimentserie 2, war aber mit d_{min} = - 57 % und d_{max} = + 59 % noch immer sehr hoch[31]. Einen besseren Einblick in das durchschnittliche Gebotverhalten geben Mittelwert $\bar{d}$ und Standardabweichung s der relativen Abweichung d_i vom wahren Wert v_i. Diese Werte sind für beide Experimentreihen in Tabelle 3.14 wiedergegeben.

Tabelle 3.14

Das durchschnittliche Gebotsverhalten in der Vickrey-Auktion

	naives Verhalten	erfahrenes Verhalten
$\bar{d}$	- 0,1421	- 0,0274
s	0,4457	0,1707

Dies bedeutet, daß der jeweilige wahre Wert im Durchschnitt über alle Fälle naiven Bietens um ungefähr 14 % unterboten wurde. Bei den erfahrenen Bietern lag dieser Wert nur noch bei knapp 3 %. Bedenkt man allerdings, daß hier die d_i-Werte nur zwischen - 0,57 und + 0,59 schwanken, so läßt die Standardabweichung von $s = 0{,}1707$ doch signifikante Abweichungen vom Bieten des wahren Wertes mit relativ hoher Wahrscheinlichkeit auch noch in der erfahrenen Version erwarten.

3.4.2.4. Konsequenz

Die normativen Eigenschaften der Vickrey-Aution, die Anreizkompatibilität und Betrugssicherheit, lassen es wünschenswert erscheinen, diese Verkaufsform der üblicherweise verwendeten Höchstpreisauktion und ihrem Pendant, der Ausschreibung, vorzuziehen. Die Vickrey-Auktion leidet aber offensichtlich unter ihrem sehr niedrigen Bekanntheitsgrad, denn wie im vorigen Abschnitt

[31] Die maximal möglichen Abweichungen müssen aufgrund der linearen Transformation der wahren Werte um DM 10 zwangsläufig bedeutend sinken.

aufgezeigt, wird das optimale Verhalten als Bieter in einer solchen Auktion nur von wenigen Auktionsteilnehmern erkannt. Dem kann man jedoch zu Recht entgegenhalten, daß das optimale Verhalten in der Höchstpreisauktion noch kompliziertere Überlegungen voraussetzt, und diese Auktionsform nur ihres höheren Bekanntheitsgrades wegen allgemein akzeptiert wird.

Um jedoch wahre Wertvorstellungen, zum Beispiel über ein zum Verkauf stehendes Gut überhaupt erst zu ermitteln, kann die Vickrey-Auktion nicht in der dargestellten Weise verwandt werden. Denn wenn schon bei vorgegebenen wahren Werten die Gebote stark abweichen, so muß mit diesem nicht-rationalen Verhalten besonders dann gerechnet werden, wenn die Bieter diese wahren Werte zuerst selbst ermitteln müssen. Soll diese Verkaufsform somit eingesetzt werden, um, wie es im folgenden geschehen soll, wahre Wertvorstellungen zu ermitteln, so müssen nicht nur die Regeln der Auktion, sondern auch das optimale Verhalten der Auktionsteilnehmer erklärt werden. Konsequenterweise sollte man sogar untersuchen, ob diese Erklärung auch verstanden und akzeptiert wird. Genau auf diese Vorgehensweise wird bei der Beschreibung der Experimente, wie sie für diese Arbeit durchgeführt wurden und die im anschließenden 4. Abschnitt dargelegt werden, zurückzukommen sein.

4. Die Experimente zur a priori-Bewertung von Rollen im Apex-Spiel

Die experimentelle Methode, a priori-Bewertungen strategischer Positionen durch Versteigerung nach den Regeln der Zweithöchstpreisauktion zu erheben, ist im Rahmen eines experimentellen Beitrages von W. Güth und B. Schwarze entwickelt worden, der für die 3rd Conference on Experimental Economics in Winzenhohl (Herbst 1982) vorbereitet wird. Im Rahmen dieser Untersuchung werden neben dem Apex-Spiel noch weitere Spielsituationen betrachtet.

4.1. Zur Zielsetzung

Die Experimente, über die im folgenden berichtet werden soll, liefen im wesentlichen in 3 Stufen ab.

a) Zunächst wurden die Regeln der Vickrey-Auktion und das optimale Verhalten für die Teilnehmer in einer solchen Auktion abgeleitet. Sodann wurde die Vickrey-Auktion einmal mit vorgegebenen wahren Werten gespielt.

b) Anschließend wurde das Apex-Spiel erläutert und die Rollen per Vickrey-Auktion versteigert.

c) Zum Schluß wurde das Apex-Spiel von den Auktionsgewinnern gespielt.

Ziel der Experimente war es, die a priori-Bewertung von Rollen im Apex-Spiel durch die teilnehmenden Individuen zu erfahren. Die Experimente, die sich mit dem Apex-Spiel befaßten, waren Teil einer Serie von Experimenten, die alle nach dem gleichen Schema abliefen, und die alle Informationen über die Vorab-Bewertung von Positionen in einem (kooperativen oder nicht-kooperativen) Spiel zu generieren. Diese Experimente können unter zwei Zielrichtungen gesehen werden:

a) Es soll versucht werden, mit ihrer Hilfe zu Aussagen darüber zu gelangen, mit welchen Ansprüchen die Teilnehmer in das Experiment hineingehen. Hierbei soll so vorgegangen werden, daß man die Auszahlungserwartung, die ein Individuum bzgl. einer Rolle hegt, mit dem maximalen Rollenpreis vergleicht, den der Spieler einzusetzen bereit ist. Erst das Nebeneinanderstellen dieser beiden Werte beschreibt dann ein Anspruchsniveau im obigen Sinne.

b) Als zweite Zielrichtung der Experimentreihe sei die Frage nach der Übereinstimmung der a priori-Bewertungen mit tatsächlich beobachteten Experimentausgängen genannt. Man kann sich hier die Frage stellen, ob die Ergebnisse von Verhandlungsspielen schon durch Vorab-Bewertungen prognostiziert werden können.

Speziell auf das Apex-Spiel ausgerichtet, muß

a) modifiziert und soll
b) näher erläutert werden.

ad a): Die vielen in Abschnitt 2 dieser Arbeit vorgestellten Lösungskonzepte für kooperative Spiele mit Seitenzahlungen machen deutlich, daß es von der Theorie her keinen eindeutigen Bezugspunkt für eine Bewertung der Rollen im Apex-Spiel gibt. Anspruchsniveaus könnten z.B. so definiert werden, daß man die Gebote der Spieler für eine bestimmte Rolle vergleicht mit dem Preis, den sie hierfür zu zahlen erwarten. Näheres hierzu folgt in Abschnitt 4.4 dieser Arbeit.

ad b): Es liegt nahe, zum Vergleich von a priori-Bewertungen und tatsächlichen Experimentergebnissen die in Abschnitt 3.3. dieser Arbeit beschriebenen Experimente von Albers und Selten heranzuziehen.

Im folgenden Abschnitt 4.2 sollen Experimentaufbau und -durchführung beschrieben werden. Wegen des verhältnismäßig komplizierten Aufbaus der Versuche einerseits erscheint es sinnvoll, der genaueren Darstellung des Experimentdesigns und seiner Rechtfertigung einen eigenen Abschnitt einzuräumen. Andererseits soll aufgrund der großen Zahl erhobener Daten dann zunächst der technische Ablauf erörtert werden, ehe zur Darstellung und Diskussion der Daten übergegangen wird.

4.2. Experimentaufbau und -durchführung

4.2.1. Beschreibung und Rechtfertigung des gewählten Experimentdesigns

Um die wahren Werteinschätzungen der Subjekte für die Rollen im Apex-Spiel der Form A_2 zu erfahren, wurden diese mit Hilfe der Vickrey-Auktion versteigert, deren überzeugende normative Eigenschaften in Abschnitt 2.4 dargelegt sind. Andererseits ist in Abschnitt 3.4.2 aufgezeigt worden, daß dieses rationale Verhalten durch die experimentelle Überprüfung nur sehr bedingt bestätigt wird. Als Konsequenz wurden also den Teilnehmern zuerst nicht nur die Regeln der Vickrey-Auktion, sondern auch das optimale Verhalten hierin erklärt. Um einerseits den Teilnehmern das Wirken dieser Auktionsform zu demonstrieren und andererseits zu prüfen, ob die Regeln verstanden und das optimale Verhalten als solches akzeptiert wurden, nahmen alle Teilnehmer dann an einer solchen Auktion teil.

Erst nach der Auswertung der reinen Vickrey-Auktionen wurde das Apex-Spiel der Form A_2 erläutert und dessen 4 Rollen unter den teilnehmenden Spielern versteigert. Jeder Teilnehmer konnte hierbei um eine ihm vorgegebene Rolle steigern. Die Möglichkeit, jeden Teilnehmer für jede Rolle bieten zu lassen, läßt die Gefahr entstehen, daß ein Spieler in mehreren Rollen, möglicherweise sogar in der Rolle des Apex- und eines Base-Spielers, auftritt. Um dieser sehr unbefriedigenden Situation entgegenzutreten, wurde jedem Spieler per Zufall eine Rolle zugedacht, für die er sein Gebot machen konnte.

Um einerseits die Subjekte die Gebotsentscheidung bewußter fällen zu lassen und andererseits noch Hinweise auf die zugrundeliegenden Entscheidungsüberlegungen zu erhalten, wurden die Teilnehmer noch um Angaben darüber gebeten, welche Gebote sie für die anderen Rollen gemacht hätten, und welche Verkaufspreise sie für die vier Rollen erwarten. Allerdings handelt es sich hierbei um sogenannte „weiche Daten", da mit ihrer Angabe für die Teilnehmer weder Vor- noch Nachteile verbunden waren. Erfahrungsgemäß sinkt in diesen Fällen die Bereitschaft der Teilnehmer, ernsthafte oder wahrheitsgemäße Angaben zu machen, beträchtlich. Dieses Phänomen muß bei der Analyse gebührend berücksichtigt werden.

Bewußt nicht gefragt wurde nach den von den Teilnehmern erwarteten Gewinnkoalitionen. Hätte man die 4 möglichen Typen von Gewinnkoalitionen zum Ankreuzen vorgegeben, wäre den Spielern die Symmetrie der Base-Spieler offenbart worden. Ebensowenig erscheint es sinnvoll, alle Gewinnkoalitionen aufzuführen. Die letzte Möglichkeit wäre, die Teilnehmer zum Aufschreiben ihrer Vorstellung aufzufordern. Hier allerdings sind die Fehlerquellen zu vielfältig: Das Aufschreiben einer bestimmten Gewinnkoalition würde Null-Gebote für Positionen bedingen, deren Spieler nicht in der Gewinnkoalition sind. Das Notieren von Gewinnkoalitionstypen verlangt vom Teilnehmer als Voraussetzung das Erkennen der Symmetrie der Base-Spieler und konsequenterweise entsprechendes Bieten. Es wäre sehr schwierig gewesen, mit ziemlicher Sicherheit auftretende Abweichungen von diesem Normverhalten entsprechend zu würdigen. Daher wurde darauf verzichtet, von den Teilnehmern Prognosen über die Gewinnkoalitionen zu verlangen. Es soll im folgenden versucht werden, anhand der gemachten Angaben herauszufinden, welche Vorstellungen über die Gewinnkoalitionen die Teilnehmer bei ihren Entscheidungen zugrundelegten.

Nachdem die jeweils Höchstbietenden jeder Rolle und die Preise dieser Rollen ermittelt waren, wurde jedem der vier Höchstbieter der Preis für seine Rolle vertraulich mitgeteilt, der durch das jeweils zweithöchste Gebot bestimmt ist. Ein öffentliches Bekanntgeben der Rollenpreise hätte die Verhandlungsmöglichkeiten der einzelnen einschränken und das Verhandlungsergebnis beeinflussen können. Im Anschluß hieran fand die Verhandlung nach ähnlichen Kommunikationsregeln wie bei Selten statt[1]. Nach der Verhandlung wurden die Gewinne (Verhandlungsgewinn minus Rollenpreis) sofort ausgezahlt bzw. die Verluste wirklich eingezogen. Da das ganze Experiment (mit Ausnahme des Vor-Tests der Vickrey-Auktion) zweimal durchgeführt wurde, war es schon um der Glaubwürdigkeit willen wichtig, die entstandenen Verluste tatsächlich von den betroffenen Spielern zu kassieren.

Die Verhandlung wurde offen vor den übrigen nicht zum Zuge gekommenen Mitspielern geführt. Dieses Vorgehen mag den einen oder anderen Verhandlungsteilnehmer in seiner Verhandlungsführung beeinflußt haben, war aber, um die anderen Teilnehmer bei Interesse zu halten, unumgänglich. Man muß bedenken, daß das eigentliche Ziel des Experimentes die Exploration von a priori-Bewertungen und nicht die Analyse von Verhandlungsverhalten war.

Die Auszahlung c für die Gewinnkoalition in der Apex-Verhandlung betrug DM 100,–. Da aber die Gefahr bestand, daß beim ersten Durchlauf einige Teilnehmer die Regeln des Apex-Spiels nicht völlig durchschaut hatten und eventuell daher das Risiko hoher Verluste bestand, wurde das erste Spiel mit auf $\frac{1}{10}$ verminderter Auszahlung durchgeführt. Die abgegebenen Gebote und auch die Verhandlung bezogen sich zwar auf $c = 100$, der letztendliche Gewinn wurde jedoch mit 0.1 multipliziert.

Der Aufbau der Experimente erscheint zwar kompliziert, ist aber in dieser Form unvermeidlich, um das Ziel, die wahre Bewertung von Positionen in einem (kooperativen oder nicht-kooperativen) Spiel durch die teilnehmenden Individuen zu erfahren.

4.2.2. Der technische Ablauf

4.2.2.1. Das Vorexperiment zur Vickrey-Auktion

Teilnehmer an den Experimenten waren 58 Hörer einer Anfängerübung in Betriebswirtschaftslehre der Universität zu Köln[2]. Die Studenten befanden sich größtenteils im ersten Semester, und es kann daher davon ausgegangen werden, daß ihnen weder die Spieltheorie bekannt war und noch weniger

1 Vgl. Selten, S. 108, und Abschnitt 3.3.2 dieser Arbeit. Nach ca. 10 Minuten Verhandlungszeit war das Anmelden einer stabilen Gewinnkoalition möglich, jede angemeldete Koalition hatte eine Bedenkfrist von ca. 5 Minuten zu überstehen (es stellte sich heraus, daß es im allgemeinen nicht nötig war, diese Zeiten genau einzuhalten, da oft die Spieler, die nicht in der Gewinnkoalition waren, schon vor Ablauf der Bedenkfrist resignierten).

2 Ein Student verweigerte die Teilnahme am zweiten Experimentdurchgang, so daß hier nur 57 Beobachtungen zur Verfügung standen.

deren Beitrag zur Lösung von (kooperativen) Verhandlungsspielen bzw. (nichtkooperativen) Auktionsspielen wie der Vickrey-Auktion.

Als erstes wurde den Studenten nur ein Hinweis auf das bevorstehende Verhandlungsspiel gegeben und die Vickrey- oder Zweithöchstpreisauktion als grundlegendes Vorexperiment vorgestellt. Hierzu wurden die Regeln dieser Verkaufsform formal so dargestellt, wie dies in Abschnitt 2.4.2 geschehen ist. Die Regeln wurden anhand eines numerischen Beispiels verdeutlicht. Anschließend wurde das optimale Verhalten in einer solchen Auktion durch die möglichen Konsequenzen von Über- oder Unterbieten des (vorgegebenen) wahren Wertes dargelegt. Zur Klärung wurden zwei numerische Beispiele durchgerechnet, in denen einmal ein tatsächlicher Verlust durch Überbieten, und zum anderen ein entgangener Gewinn aufgrund von Unterbieten resultierten. Während der Ausführungen des Experimentators war ständig Gelegenheit zur Fragestellung gegeben, die auch ausgiebig genutzt wurde. Die Fragen zielten vor allem auf mögliche Verluste ab.

Das weitere Vorgehen entsprach dann exakt dem des in Abschnitt 3.4.2 vorgestellten Experiments zur Vickrey-Auktion: Da jede Auktionsrunde aus vier Bietern bestand, wurde die Gesamtheit der Spieler in 4 ungefähr gleich große Gruppen unterteilt, deren Mitglieder alle in verschiedenen Auktionen boten. Kommunikation zwischen Bietern innerhalb einer Auktion war ausgeschlossen. Jeweils ein vorgegebener wahrer Wert in einer Runde war den Intervallen 6-7, 7-8, 8-9 und 9-10 DM zufällig entnommen. Die Entscheidungsformulare entsprachen genau dem in Darstellung 3.10 aus Abschnitt 3.4.2 wiedergegebenen. Die Auktionsgewinner wurden sofort ermittelt und ihr Gewinn bekanntgegeben. Die Auszahlung erfolgte aus Zeitgründen eine Woche später. Zur Legitimation der Teilnehmer gegenüber den Experimentatoren wurden wiederum kleine Zettel benutzt, auf denen mit einem Großbuchstaben die Auktionsrunde, mit einer Ziffer der Teilnehmer entsprechend dem Vermerk auf dem Entscheidungsformular notiert war.

Dieses Vorexperiment wurde, augenscheinlich wegen der ausführlichen Erklärung auch des optimalen Verhaltens, von den Spielern nicht ganz ernst genommen. Auch erschien vielen der Aufwand – Aufteilen in 4 Gruppen, Austeilen und Wiedereinsammeln der Entscheidungsformulare, Legitimation durch zusätzlichen Zettel – für das einfache Hinschreiben einer vorgefundenen Zahl unangemessen hoch. Dieser Unmut wurde gekontert mit dem (korrekten) Hinweis, dieses Vorexperiment hätte wichtige Funktion zur Beantwortung der Frage, ob Ableitung und Begründung des optimalen Verhaltens von den Teilnehmern tatäschlich akzeptiert wird.

Die Ergebnisse des Vorexperimentes finden sich in Abschnitt 4.3.1.

4.2.2.2. Versteigerung der Rollen des Apex-Spiels

Nach diesem einführenden Experiment begann die Erklärung des Apex-Spiels. Die erlaubten Gewinnkoalitionen wurden beschrieben und sowohl in charakteristischer Funktionsschreibweise, als auch in expliziter Auflistung an die Wandtafel geschrieben. Damit war gewährleistet, daß alle möglichen Gewinnkoalitionen allen Teilnehmern ständig während der Gebotsentscheidung und auch während der späteren Verhandlung präsent waren. Es wurden zwei numerische Beispiele von den Gebotsvektoren über die Preisvektoren, mögliche Verhandlungsergebnisse und resultierende Auszahlung durchgerechnet. Besondere Aufmerksamkeit wurde auf die Tatsache gelegt, daß – auch einem Mitglied einer Gewinnkoalition – Verluste entstehen können. Den Teilnehmern war ständig die Möglichkeit gegeben, Zwischenfragen zu stellen. Zum Schluß wurden noch die Kommunikationsregeln des Apex-Spiels erläutert.

Anschließend an diese Erklärungen wurde das in Darstellung 4.1 auf der folgenden Seite wiedergegebene Entscheidungsblatt ausgeteilt. Den Teilnehmern wurde die Rolle (1, 2, 3 oder 4, 1 war der Apex-Spieler), für die sie bieten konnten, vorgegeben. Durch die Reihenfolge, in der die Blätter vorsortiert waren, konnte sichergestellt werden, daß Nebeneinandersitzende immer für verschiedene Rollen zu bieten hatten, also nie als konkurrierende Bieter auftreten konnten. Kommunikation war zudem untersagt. Optisch von den anderen erfragten Angaben getrennt wurde oben auf dem Entscheidungsblatt nach dem Gebot für die vorgegebene Rolle gefragt. Auf diesen Wert soll im folgenden immer als „echtes“ oder „tatsächliches“ Gebot Bezug genommen werden. Die Gebote, die der Spieler für die anderen Rollen gemacht hätte (2. Teil des Entscheidungsblattes), sollen als „hypothetische Gebote“ bezeichnet werden.

Darstellung 4.1

Entscheidungsbogen zur Rollenversteigerung

Teilnehmer:

Ich biete für die Position von Spieler .... DM ......

Wir sind an den Gründen für Ihre Entscheidung interessiert. Geben Sie bitte die Gebote an, die Sie für die Position von

Spieler 1: .... DM

Spieler 2: .... DM

Spieler 3: .... DM

Spieler 4: .... DM

gemacht hätten.

Welche Verkaufspreise für die strategischen Positionen sind für Sie am wahrscheinlichsten?

Preis für die Position von Spieler 1: .... DM

Preis für die Position von Spieler 2: .... DM

Preis für die Position von Spieler 3: .... DM

Preis für die Position von Spieler 4: .... DM

Die folgenden Angaben über die Rollenpreise sollen „erwartete Preise" heißen. Die Teilnehmernummer, die sich wiederum auch auf einem zusätzlichen Ticket befand, das beim Spieler verblieb, setzte sich aus einem kleinen Buchstaben zur Kennzeichnung des Teilnehmers und einer Ziffer, die die Rolle im Apex-Spiel benannte, zusammen. Teilnehmer-Nummer *h* 2 gehörte also dem Teilnehmer *h*, der für die Rolle 2 im Apex-Spiel bot.

Auf die auf diese Weise erhobenen Daten wird in Abschnitt 4.3.2 eingegangen werden.

4.2.2.3. Die eigentliche Verhandlung

Der Ablauf der beiden Verhandlungen soll hier nur kurz erwähnt werden. Naturgemäß lief die erste Verhandlung etwas schleppend an, bis die Spieler genau mit den Koalitionsmöglichkeiten und -unmöglichkeiten vertraut waren[3]. Dann aber, so kann man zusammenfassend sagen, wurde lange ausschließlich mit und um realisierbare Auszahlungsaufteilungen argumentiert, wobei Koalitionszusagen schon um sehr kleiner Auszahlungsvorteile willen revidiert wurden. Mehr Stabilität gewannen die intermediären Koalitionen erst, als die Verhandelnden begannen, eine gewisse Vertrauensbasis bei ihrem jeweiligen Partner aufzubauen. Man versprach, wegen kleiner Verlockungen nicht mehr wankelmütig zu sein. Auf diese Weise bildeten sich auch die erfolgreichen Gewinnkoalitionen.

Eine besondere Anmerkung muß zur zweiten Verhandlung gemacht werden. Der Apex-Spieler war ein leer ausgegangener Base-Spieler der ersten Runde, und eine Base-Spielerin war mit ihm gut bekannt. Daher hatte sich, obwohl Argumentationsweise und Verhandlungsablauf im wesentlichen dem ersten Experiment glichen, die stabile Gewinnkoalition sehr schnell gebildet.

Abgesehen von einigen Bitten der Experimentleiter, so zu verhandeln, daß die in der Auktion nicht zum Zuge gekommenen Teilnehmer den Ausführun-

[3] Vor allem gab es auch Schwierigkeiten mit der Zuordnung eines Spielers zu seiner Rolle, so daß fehlerhafte Koalitionsangebote ergingen.

gen folgen konnten, brauchte in die Verhandlung nicht eingegriffen zu werden. Zwischenzeitlich angemeldete Gewinnkoalitionen wurden mit Auszahlungsaufteilung, d.h. als Auszahlungskonfigurationen, an der Wandtafel vermerkt.

Im ersten Spiel war die zweite, im zweiten Spiel, wie oben angedeutet, schon die erste angemeldete Koalition stabil, wobei auch nur im ersten Durchgang die Verhandlung durch Ablauf der Bedenkfrist beendet werden mußte.

4.2.3. Abschlußbemerkungen: Zeitbedarf und Teilnehmerreaktionen

Die Erklärung der Vickrey-Auktion und ihrer Regeln verwunderte die Teilnehmer. Daß das optimale Verhalten erläutert wurde, überraschte sie, denn sie sahen in der Erklärung und erst recht in dem anschließenden Vorexperiment, noch keinen rechten Sinn. So war die Durchführung der reinen Auktion, auch wegen des Aufwandes, dessen die räumliche Trennung in vier Gruppen bedurfte, von einer gewissen Heiterkeit begleitet. Es erschien aber trotzdem nicht sinnvoll, die Spieler schon mit Andeutungen oder Hinweisen auf das bevorstehende Verhandlungsspiel von der Durchführung des Vorexperimentes abzulenken.

Während die Regeln des Apex-Spiels erläutert wurden, bezogen sich die Fragen der Teilnehmer fast ausschließlich darauf, ob und wie Verluste entstehen können.

Die Verhandlung um die Aufteilung der 100 DM vor den nicht zum Zuge gekommenen Mitspielern sorgte teilweise für Heiterkeit, teilweise auch für Spannung, so daß das Ziel, alle Spieler weiter zu motivieren, erreicht wurde.

Der Aufforderung, entstandene Verluste zu begleichen, kamen die Betroffenen ohne Murren nach. Nach Abschluß beider Experimente entbrannte allerdings zwischen ca. 10 % der Teilnehmer und den Experimentatoren eine Diskussion über die Gefahr, daß allein die Experimentveranstalter einen positiven Gewinn machen würden.

Durch verhältnismäßig hohe Preise konnten selbst Mitgliedern in Gewinnkoalitionen monetäre Verluste entstehen[4]. Dieser Einwand gegen den Experimentaufbau wurde durch den Hinweis auf die Möglichkeit, niedriger zu bieten, erwidert.

Einige Teilnehmer erkundigten sich nach Literatur und Lehrveranstaltungen über experimentelle Wirtschaftsforschung, und auch bei der Auszahlung der Gewinne aus dem Vorexperiment zur Vickrey-Auktion entstand der Eindruck, daß die Experimente eine willkommene Abwechslung zum normalen Vorlesungsbetrieb darstellten.

---

[4] Vgl. Abschnitt 4.3.3.

Der gesamte Zeitbedarf für das doch sehr komplexe Experiment betrug ca. 1.1/2 Stunden.

In Demonstrationsexperimenten hat sich gezeigt, daß eine zeitliche Abkürzung nicht möglich ist, ohne die Gefahr von Mißverständnissen und Fehlverhalten aufgrund von Verständnisschwierigkeiten erheblich zu vergrößern.

4.3. Das Datenmaterial – Beschreibung, statistische Analyse und erste Folgerungen

4.3.1. Akzeptierung des optimalen Verhaltens in der Vickrey-Auktion

In Tabelle 4.2 sind die im Vorexperiment zur Vickrey-Auktion, wie in den Abschnitten 4.2.1 und 4.2.2.1 beschrieben, erhobenen Daten aufgelistet. Zum Vergleich und zur Verbreiterung der Datenbasis sind zusätzlich zum Vorexperiment im Rahmen des Apex-Spiels die Ergebnisse von Vorexperimenten zu zwei weiteren Versuchen, in denen die a priori-Bewertungen von Rollen in einem nicht-kooperativen Oligopolspiel erhoben wurden, angegeben. Entsprechend der chronologischen Abfolge stehen die hier am meisten interessierenden Daten am Schluß der drei durch waagerechte Striche getrennten Experimente. In der jeweils linken Spalte sind die vorgegebenen Wiederverkaufswerte v_i aufgeführt, wobei jeweils vier aufeinanderfolgende Zahlen zu einer Auktionsrunde gehörten. Die zweite Spalte zeigt die Gebote a_i, aber nur in den Fällen, in denen sie von den wahren Werten abwichen. In der dritten Spalte findet man die gewichteten Abweichungen

$$d_i = \frac{a_i - v_i}{v_i} \text{ in Prozent.}$$

Schon das Fehlen der Angaben in den Fällen, in denen Gebot gleich wahrer Wert ist, gibt einen optischen Hinweis auf das Akzeptieren des zuvor erklärten optimalen Verhaltens. Die Vorexperimente liefen in allen drei Fällen nach absolut dem gleichen Schema und identischer Erklärung ab, so daß von daher der Vergleich oder die Zusammenfassung der Daten bedenkenlos erscheint.

Nicht homogen waren jedoch die Teilnehmergruppen. Während die Studenten des zweiten bis vierten Semesters vom ersten Experiment schon vorher mit der Vickrey-Auktion nicht unbedingt vertraut, sie ihnen aber doch bekannt war, kann dies von den Spielern der Serie 2, überwiegend Volkswirtschaftsassistenten, nicht behauptet werden. Letztere erwiesen sich auch bei der Erklärung als sehr kritisch. Den Studenten (1.-2. Semester) in Serie 3 war, wie erwähnt, die Vickrey-Auktion nicht bekannt.

Tabelle 4.2

Akzeptierung des optimalen Verhaltens in der Vickrey-Auktion (Vorexperimente zu 3 Versuchen über a priori-Bewertungen)

v	*a*	*d*	*v*	*a*	*d*	*v*	*a*	*d*
6.13			8.51			6.43		
7.18			9.28			7.59		
8.87	8.90	+ 0.34	7.43			8.15		
9.24			8.34			9.63		
7.28			9.72			7.37		
8.94	8.90	– 0.45	6.13			8.51		
9.58			8.05			9.99	9.50	– 4.9
6.98			9.69	9.68	– 0.1	6.30		
8.33			6.11			8.99		
9.71			7.27	7.–	– 3.7	9.01		
6.21	6.22	+ 0.16	9.83			6.83		
7.91			6.11			7.60		
9.43			7.99	7.90	– 1.1	9.25		
6.77						6.66		
7.04						7.71		
8.63						8.13		
8.71						6.99	7.–	+ 0.14
7.39			6.75			7.77	7.78	+ 0.13
6.90			7.31	7.20	– 1.5	8.09		
9.21			8.90	8.–	– 10.1	9.29	9.28	– 0.11
9.71			9.73	12.73	+ 30.8	7.98	7.50	– 6.02
8.38			7.15	7.50	+ 4.9	8.88		
7.95	8.–	+ 0,63	8.61			9.45	9.–	– 4.76
6.17			9.17			6.48		
7.27			6.21	5.51	+ 12.7	8.50	8.–	– 5.88
6.39	6.40	+ 0.16	8.80			9.19	10.19	+ 10.88
9.08			9.71	7.59	– 21.8	7.69	7.70	+ 0.13
8.83			6.87	7.–	+ 1.9	8.08	8.10	+ 0.25
6.11			9.73			9.17	7.20	– 21.48
9.07			6.21			6.89	4.50	– 34.69
8.24			7.63			7.99	8.–	+ 0.13
7.21						7.07	7.–	– 1.00
9.54			7.93			6.09		
6.80			8.88			8.79		
7.05			9.49	8.99	– 5.3	9.50		
8.02			6.01			6.59	6.50	– 1.37
6.17			8.01			7.68		

9.27			9.81	10.–	+ 1.9	6.98	6.–	– 14.04
8.77			6.35	6.–	– 5.5	9.17		
7.43			7.05	5.–	– 29.1	8.89	8.85	– 0.45
6.61			9.55			9.23		
7.90			6.71	6.70	– 0.15	7.51	8.–	+ 6.5
			7.95					
			8.09	8.–	– 1.11			

v = vorgegebener Wiederverkaufswert

a = von v verschiedenes Gebot

d = Abweichung $\frac{a-v}{v}$ in Prozent

Die folgende Tabelle 4.3 hat den gleichen Aufbau wie Tabelle 3.13, die sich bei der Darstellung der Experimente, die sich ausschließlich mit Vickrey-Auktionen befassen, findet. In der linken Spalte finden sich die Bereiche der Absolutbeträge der relativen Abweichung d vom wahren Wert. Für die drei unterschiedlichen Vorexperimente zur Vickrey-Auktion sind dann die relativen Häufigkeiten angegeben, mit denen die Ergebnisse in den Abweichungsbereichen liegen. Zusätzlich zur Zusammenfassung der drei Experimente sind zum Vergleich auch die Ergebnisse des erfahrenen Verhaltens aus Tabelle 3.13 aufgeführt.

Tabelle 4.3

Relative Häufigkeiten (in %) der Absolutbeträge der relativen Abweichungen d (in %)

	1. Vorexperim.	2. Vorexperim.	3. Vorexperim.	Vorexperim. insges.	erfahrenes Verhalten (Tab. 3.13)
$0 \leq \lvert d \rvert < 5$	100	71,4	85,2	90,2	62
$5 \leq \lvert d \rvert < 15$	0	14,3	11,1	6,5	14
$15 \leq \lvert d \rvert < 25$	0	7,1	1,9	1,6	10
$25 \leq \lvert d \rvert < 35$	0	7,1	3,7	2,4	5
$35 \leq \lvert d \rvert < 45$	0	0	0	0	4
$45 \leq \lvert d \rvert < \infty$	0	0	0	0	5

Man sieht, daß 85,2 % der Teilnehmer in der der Versteigerung der Rollen im Apex-Spiel vorangestellten Vickrey-Auktion mit ihrem Gebot weniger als 5 % nach oben oder unten von dem vorgegebenen wahren Wert abwichen.

Die größten Abweichungen in den drei Serien betragen

$$d_{max} = + 30{,}8 \ \% \text{ (2. Vorexperiment) und}$$

$$d_{min} = - 34{,}69 \ \% \text{ (3. Vorexperiment)}$$

Die größte Abweichung nach oben in dem hier am meisten interessierenden 3. Experiment betrug + 10,88 %. Auch hier zeigt sich also der positive Effekt, den das Erklären des Rationalverhaltens auf das tatsächliche Verhalten in Vickrey-Auktionen hat.

Daß die Abweichungen der Gebote vom wahren Wert in den Experimenten, in denen das optimale Verhalten erklärt wurde, kleiner wurden, zeigt auch die folgende Tabelle 4.4, die in ihrem Aufbau der Tabelle 3.14 entspricht. Wiederum sind zum Vergleich die Werte für das erfahrene Verhalten aus Tabelle 3.14 ebenfalls angegeben.

Tabelle 4.4

Durchschnitte und Streuungen der relativen Abweichungen d

	n	$\bar{d}$	a
1. Vorexperiment	55	- 0.00077	0.00533
2. Vorexperiment	14	0.0121	0.1142
3. Vorexperiment	54	- 0.0214	0.0727
Vorexperimente insgesamt	123	- 0.00837	0.0621
erfahrenes Verhalten (Tab. 3.14)	100	- 0.0272	0.1707

Unter der Annahme, die d-Werte seien normal verteilt, kann man testen, ob die Stichproben jeweils den Mittelwert $\bar{d}_o = 0$ haben. Als Gegenhypothese wird $\bar{d}_1 < 0$ bzw. $\bar{d}_1 > 0$ je nach Vorzeichen des jeweiligen Stichprobenmittelwertes angenommen. Bei einem Signifikanzniveau von 1 % wird die Null-Hypothese für alle 5 Fälle bestätigt.

Das Erklären des optimalen Verhaltens in einer Vickrey-Auktion hat folgende Wirkungen:

1. Die Schwankungsbreite der extremen Abweichungen vom Rationalverhalten wird kleiner.
2. Die Streuungen der Stichproben verringern sich erheblich.
3. Die Mittelwerte der Stichproben liegen näher am Nullpunkt (der vollkommen rationales Verhalten bedeutet).

Da zudem die Nullhypothese im Test auf $\bar{d}_o = 0$ bestätigt wird, kann man davon ausgehen, daß die Teilnehmer an den Vorexperimenten Gebote abgegeben haben, die dem rationalen Verhalten entsprachen.

Wenn die Positionen im Apex-Spiel also per Vickrey-Auktion an Spieler versteigert werden, die im Vorexperiment ihren wahren Wert geboten haben, so kann man davon ausgehen, daß sie dies bezüglich der Vickrey-Auktion auch im Hauptexperiment tun werden. Diese Auktionsform führt dazu, daß die Vorstellungen, die ein Spieler über den Wert, den eine Rolle im Apex-Spiel für ihn bedeutet, in der Versteigerung offenbart werden sollten. Man kann daher hoffen, daß die Gebote bei der Versteigerung der Spielerrollen die wahren Wertvorstellungen widerspiegeln.

4.3.2. Zu den Daten der Rollenversteigerung

4.3.2.1. Art der Darstellung

Die mit Hilfe des Entscheidungsbogens aus Darstellung 4.1 erhobenen Daten sind in den jeweils zweiseitigen Tabellen 4.5 (erster Experimentdurchlauf) und 4.6 (zweiter Experimentdurchlauf) auf den folgenden Seiten festgehalten. Die Spieler sind mit ihren Teilnehmernummern gekennzeichnet. Der kleine Buchstabe hilft, die Spieler zu unterscheiden, die Zahl gibt die Rolle im Apex-Spiel an, für die der Spieler sein tatsächliches Gebot abgibt. Zusätzlich sind diese echten Gebote durch senkrechte Striche eingerahmt, so daß sie auch optisch von den „weichen" Daten, das sind die hypothetischen Gebote und die erwarteten Preise, unterschieden werden können. Für jeden Spieler finden sich somit bis zu acht Angaben. Hat ein Spieler keine Angabe gemacht, so erscheint ein „–". Hiervon abgegrenzt wurde die explizite Angabe Null, die auch als solche in der Tabelle erscheint.

Einige der zusätzlich zu den echten Geboten erhobenen Daten sind durch ein „+" gekennzeichnet. Diese Werte genügen nicht den Kriterien, die im folgenden Abschnitt zur Plausibilität der Daten entwickelt werden. Daher werden diese Daten vor einer zweiten statistischen Analyse[5] aus der Datenbasis eliminiert.

In der letzten Spalte der Tabellen 4.5 bzw. 4.6 sind einige Vektoren mit einem oder zwei Sternen markiert. „*" bedeutet hierbei, daß der betreffende Spieler mindestens einen erwarteten Preis höher ansetzt, als er für diese Rolle bieten würde. „**" steht für den gleichen Sachverhalt, wenn er (auch oder ausschließlich) das tatsächliche Gebot des jeweiligen Spielers und den entsprechenden Preis betrifft.

---

[5] Vgl. Abschnitt 4.3.4.

Tabelle 4.5: **Tatsächliche und hypothetische Gebote und erwartete Preise im ersten Experimentdurchgang**

Nr.	Gebote g 1	Gebote g 2	Gebote g 3	Gebote g 4	erwartete Preise p 1	erwartete Preise p 2	erwartete Preise p 3	erwartete Preise p 4	$p_i > g_i$
a 1	18.–	12.–	10.–	8.–	18.–	20.–	20.–	20.–	*
b 1	2.–	1.50 +	1.– +	0.50 +	2.–	1.– +	1.50 +	3.– +	*
c 1	25.20	–	–	–	–	–	–	–	
d 1	90.–	30.–	30.–	30.–	60.–	35.–	35.–	35.–	*
e 1	20.–	15.–	15.–	15.–	20.–	15.–	15.–	15.–	
f 1	36.–	32.–	32.–	32.–	30.–	20.–	20.–	20.–	
g 1	55.–	30.–	25.–	20.–	70.–	40.–	35.–	30.–	**
h 1	4.–	2.–	2.–	2.–	10.–	5.–	5.–	5.–	**
i 1	15.–	12.–	12.–	12.–	19.–	13.–	13.–	13.–	**
j 1	10.–	50.– +	70.– +	90.– +	30.–	50.– +	70.– +	90.– +	**
k 1	10.–	11.–	15.–	18.–	18.–	19.–	23.–	26.–	**
l 1	9.50	23.–	12.–	18.–	14.–	23.–	16.–	19.–	**
m 1	5.–	10.–	10.–	10.–	5.–	10.–	10.–	10.–	
n 1	30.–	–	–	–	–	–	–	–	
o 1	29.–	22.–	23.–	23.–	–	–	–	–	
a 2	25.–	15.–	15.–	15.–	25.–	25.–	25.–	25.–	**
b 2	25.–	15.–	10.–	15.–	30.–	25.–	10.–	25.–	**
c 2	25.–	30.–	25.–	20.–	50.–	30.–	10.–	10.–	**
d 2	30.–	15.–	15.–	15.–	40.–	30.–	30.–	–	**
e 2	25.–	25.–	25.–	25.–	20.–	15.–	20.–	15.–	
f 2	20.–	5.–	15.– +	18.– +	40.–	30.–	30.–	–	**
g 2	23.–	18.–	18.–	18.–	25.–	25.–	25.–	25.–	**
h 2	10.–	3.–	0 +	0 +	8.–	2.–	2.–	2.–	*
i 2	20.–	16.–	12.–	12.–	15.–	12.–	8.–	8.–	
j 2	7.69	7.69	7.69	7.70	8.–	8.20	7.69	7.–	**
k 2	80.–	70.–	25.– +	20.– +	–	–	–	–	
l 2	4.–	2.30	–	–	–	–	–	–	
m 2	–	15.–	–	–	–	–	–	–	
n 2	–	25.–	–	–	–	–	–	–	
o 2	20.–	30.–	25.–	40.–	40.–	20.–	20.–	20.–	*

Fortsetzung Tabelle 4.5:

Nr.	Gebote g 1	2	3	4	erwartete Preise p 1	2	3	4	$p_i > g_i$
a 3	25.–	25.–	25.–	25.–	33.–	22.–	22.–	22.–	*
b 3	30.–	20.–	15.–	25.–	35.–	30.–	20.–	25.–	**
c 3	99.–	50.–	50.–	50.–	50.–	40.–	40.–	40.–	
d 3	80.–	20.–	30.–	40.–	60.–	0 +	20.–	20.–	
e 3	36.–	32.–	32.–	32.–	30.–	25.–	25.–	25.–	
f 3	1.– +	1.– +	97.–	1.– +	–	–	–	–	
g 3	30.–	25.–	25.–	25.–	30.–	25.–	25.–	25.–	
h 3	60.–	20.– +	40.–	10.– +	50.–	30.–	40.–	15.– +	*
i 3	50.–	20.–	20.–	10.–	50.–	20.–	20.–	10.–	
j 3	40.–	20.–	20.–	20.–	50.–	20.–	20.–	20.–	*
k 3	50.–	55.–	60.–	58.–	80.–	80.–	95.–	85.–	**
l 3	6.–	5.20	4.50	4.80	10.–	15.–	12.–	10.–	**
*m*3	40.–	30.– +	20.–	10.– +	60.–	20.–	15.–	5.– +	*
n 3	20.–	30.– +	50.–	15.– +	20.–	30.–	15.– +	50.– +	*
a 4	6.50	4.–	4.–	4.–	7.–	4.50	4.50	4.50	**
b 4	30.–	20.–	20.–	20.–	40.–	20.–	20.–	20.–	*
c 4	5.–	6.–	7.–	3.80	100,–	40.–	60.– +	20.–	**
d 4	25.–	10.–	10.–	10.–	25.–	10.–	10.–	10.–	
e 4	36.–	32.–	32.–	32.–	25.–	20.–	20.–	20.–	
f 4	–	–	–	10.–	–	–	–	–	
g 4	24.–	20.–	20.–	20.–	–	–	–	–	
h 4	–	–	–	12.–	–	–	–	–	
i 4	34.–	22.–	22.–	22.–	40.–	20.–	20.–	20.–	*
j 4	49.–	50.– +	51.– +	78.–	78.–	62.–	60.–	78.–	*
k 4	35.–	30.–	30.–	30.–	35.–	30.–	30.–	30.–	
l 4	6.–	8.–	8.–	10.–	6.–	7.–	7.–	10.–	
*m*4	15.–	30.–	40.–	45.–	12.–	25.–	30.–	40.–	
n 4	18.–	15.–	15.–	15.–	40.–	20.–	20.–	20.–	**

Tabelle 4.6: **Tatsächliche und hypothetische Gebote und erwartete Preise im zweiten Experimentdurchgang**

Nr.	Gebote g 1	2	3	4	erwartete Preise p 1	2	3	4	$p_i > g_i$
a 1	30.–	10.–	10.–	10.–	20.–	10.–	10.–	10.–	
b 1	15.–	25.–	30.–	30.–	30.–	10.–	15.–	12.–	**
c 1	51.–	20.–	20.–	30.–	40.– +	50.– +	60.– +	70.– +	*
d 1	3.–	30.–	20.–	10.–	3.–	30.–	20.–	10.–	
e 1	10.–	–	–	–	–	–	–	–	
f 1	4.–	3.–	3.–	3.–	15.–	10.–	10.–	10.–	**
g 1	24.–	18.–	18.–	18.–	50.–	50.–	50.–	50.–	**
h 1	33.33	–	–	–	–	–	–	–	
i 1	25.–	25.–	25.–	25.–	–	–	–	–	
j 1	20.–	15.–	15.–	15.–	50.–	20.–	15.–	15.–	**
k 1	20.–	10.–	10.–	10.–	25.–	10.–	10.–	10.–	**
l 1	40.–	32.–	33.–	–	30.–	25.–	25.–	25.–	
m 1	50.–	30.–	25.–	20.–	50.–	25.–	20.–	15.–	
n 1	0	–	–	–	70.–	10.–	10.–	10.–	**
o 1	25.–	15.–	15.–	15.–	–	–	–	–	
a 2	10.–	5.–	8.–	7.–	10.–	5.–	7.–	6.–	
b 2	15.–	10.–	10.–	10.–	15.–	10.–	10.–	10.–	
c 2	50.–	15.–	15.–	15.–	50.–	25.–	25.–	25.–	**
d 2	3.–	18.–	10.–	5.– +	10.–	15.–	10.–	5.– +	*
e 2	50.–	17.–	47.– +	30.–	70.–	40.–	30.–	15.– +	**
f 2	20.–	7.–	10.–	10.–	15.–	5.–	5.–	5.–	
g 2	25.–	10.–	10.–	10.–	25.–	10.–	10.–	10.–	
h 2	10.–	5.–	3.–	3.–	–	–	–	–	
i 2	1.–	1.–	1.–	1.–	1.–	1.–	1.–	1.–	
j 2	25.–	25.–	25.–	25.–	25.–	25.–	25.–	25.–	
k 2	70.–	35.–	30.–	25.–	60.–	30.–	30.–	30.–	*
l 2	36.–	40.–	32.–	32.–	50.–	20.–	20.–	20.–	*
m 2	35.–	15.–	10.–	20.–	30.–	10.–	8.–	17.–	
n 2	–	20.–	–	–	–	–	–	–	

Fortsetzung Tabelle 4.6:

	Gebote g				erwartete Preise p				
Nr.	1	2	3	4	1	2	3	4	$p_i > g_i$
a 3	15.–	18.–	20.–	30.–	–	–	–	–	
b 3	300.– +	60.– +	–	70.– +	–	–	–	–	
c 3	20.–	5.–	5.–	5.–	40.–	20.–	20.–	20.–	**
d 3	–	–	–	–	–	–	–	–	
e 3	15.–	12.–	12.–	12.–	17.–	14.–	14.–	14.–	**
f 3	–	–	–	–	–	–	–	–	
g 3	30.–	20.–	25.–	20.–	–	–	–	–	
h 3	10.–	8.–	5.–	4.–	4.–	4.–	4.–	4.–	
i 3	99.–	1.–	1.–	1.–	100.– +	0 +	0 +	0 +	*
j 3	–	–	10.–	–	–	–	–	–	
k 3	5.–	3.–	1.–	1.–	–	–	–	–	
l 3	–	–	10.–	–	–	–	–	–	
*m*3	55.–	40.–	30.–	20.–	55.–	40.–	30.–	20.–	
n 3	–	–	20.–	–	–	–	–	–	
a 4	–	–	–	23.–	–	–	–	–	
b 4	60.–	60.–	40.–	35.–	–	–	–	–	
c 4	50.–	20.– +	30.– +	8.–	60.–	30.– +	2.– +	8.–	*
d 4	20.–	30.– +	15.– +	4.–	8.–	9.–	10.–	11.–	**
e 4	15.–	10.–	10.–	10.–	10.–	15.–	15.–	15.–	**
f 4	25.–	25.–	25.–	25.–	–	–	–	–	
g 4	25.–	20.–	20.–	10.–	20.–	15.–	15.–	10.–	
h 4	50.–	20.–	20.–	10.–	60.–	30.–	30.–	10.–	*
i 4	25.–	30.– +	10.–	10.–	20.–	25.–	20.–	25.–	**
j 4	–	–	–	15.–	–	–	–	–	
k 4	36.–	32.–	32.–	32.–	30.–	25.–	25.–	25.–	
l 4	24.–	15.–	15.–	15.–	25.–	25.–	25.–	25.–	
*m*4	60.–	20.–	10.–	9.99	50.–	20.–	15.–	15.–	**
n 4	30.–	20.–	15.–	10.–	–	–	–	–	

4.3.2.2. Datendiskussion

4.3.2.2.1. Zur Datenstruktur

Einen ersten Anhaltspunkt über die Struktur der relativ großen Datenmenge gibt Tabelle 4.7, in der die Spannweiten, also die minimalen und maximalen Werte der einzelnen Gruppen aufgelistet sind.

Tabelle 4.7

Minima und Maxima der Gebote

	Rolle 1	Rolle 2	Rolle 3	Rolle 4
echte Gebote	2,–	2.30	4.50	3.80
1. Experiment	90.–	70.–	97.–	78.–
hypoth. Gebote	1.–	1.–	0	0
1. Experiment	99.–	55.–	70.–	90.–
echte Gebote	0.–	1.–	1.–	4.–
2. Experiment	51.–	40.–	25.–	35.–
hypoth. Gebote	1.–	1.–	1.–	1.–
2. Experiment	300.–	60.–	47.–	70.–

Diese Spannweiten können in einigen Fällen nur als enorm bezeichnet werden. So sind denn auch die Spannweiten der hypothetischen Gebote im ersten Experiment nicht signifikant größer als die der echten Gebote, da nach oben für einen vernünftigen Spieler kaum noch Spielraum blieb. Die Spannweiten der hypothetischen Gebote in Serie 2 sind den entsprechenden Werten in Serie 1 ähnlich[6]. Die Maxima der echten Gebote sind aber beträchtlich gesunken.

Eine Hoffnung, aus den erhobenen Daten Rückschlüsse darüber zu ziehen, welche Gewinnkoalitionen die Teilnehmer erwarten, muß schon hier zerstört werden. Die Gebote streuen zu stark, und auch die Summen der vier Gebotsangaben der einzelnen Spieler reichen von weit unter bis weit über 100 DM. Daher können allgemeine Schlüsse über erwartete Gewinnkoalitionen hier noch nicht gezogen werden. Nur eine allgemein höhere Bewertung des Apex-Spielers gegenüber dem Base-Spieler ist erkennbar. Eine weitere Erörterung der Frage nach erwarteten Gewinnkoalitionen ist erst nach der statistischen Analyse möglich, da erst dann verläßliche Angaben über die Benutzbarkeit der weichen Daten vorliegen werden. Aufgrund der Ausführungen zu Tabelle 4.7 kann der

[6] Abgesehen von der nicht ernst zu nehmenden Angabe des Spielers *b* 3 für Rolle 1, wo der zweithöchste Wert bei 99,– DM liegt.

Verdacht, diese Daten hätten nur geringe Relevanz für die Analyse, hier nur zum Teil bestätigt werden.

Tabelle 4.8 enthält die gleichen Angaben wie Tabelle 4.7 für die von den Spielern erwarteten Preise. Hier wurde unterschieden zwischen den Preisen, die die Teilnehmer für die eigenen Preise erwarteten, und jenen, die sie für die Preise anderer Rollen erwarten.

Tabelle 4.8

Minima und Maxima der erwarteten Preise

	Rolle 1	Rolle 2	Rolle 3	Rolle 4
erwartete eigene Preise	2.–	2.–	12.–	4.50
1. Experiment	70.–	30.–	90.–	78.–
erwartete übrige Preise	6.–	0	1.50	2.–
1. Experiment	100.–	80.–	70.–	90.–
erwartete eigene Preise	3.–	1.–	4.–	8.–
2. Experiment	70.–	40.–	30.–	25.–
erwartete übrige Preise	1.–	0	0	0
2. Experiment	100.–	50.–	60.–	70.–

Die Aussagen zu den Spannweiten der Gebote treffen im wesentlichen auch hier zu. Von daher kann man also schließen, daß hier kein Bruch zu den anderen Daten vorliegt, die weichen Daten somit möglicherweise doch relevante Information tragen.

Ein weiterer einfacher Ansatzpunkt, Gebote und erwartete Preise zu vergleichen, besteht im Auszählen der überhaupt gemachten Angaben. Hier zeigt es sich, daß weitaus am häufigsten echte Gebote abgegeben wurden. Nur 3 Spieler (alle in Serie 2) machten hier keine Angabe.

Das sind gut 5 % fehlende Angaben in Serie 2. Schon die hypothetischen Gebote fehlen in 12 % (Serie 1) bzw. knapp 19 % (Serie 2) aller Fälle. Keine Angaben über die erwarteten Preise wurden in 20 % (Serie 1) bzw. 33 % (Serie 2) gemacht, wobei von den Spielern nicht zwischen den Preisen für die eigene Rolle und jenen für fremde Rollen unterschieden wurde. Einerseits scheint das geringere Interesse, über das echte Gebot hinausgehende Angaben zu machen, die These von der mangelhaften Brauchbarkeit der weichen Daten zu bestätigen. Andererseits läßt sich aber auch der Standpunkt vertreten, die gemachten Angaben sind echtem Engagement entsprungen und daher brauchbar.

Was kann man über die Spieler sagen, die gemäß ihren Angaben höhere Rollenpreise erwarten, als sie selbst bieten (zwei Sterne in Tab. 4.5 und 4.6) oder bieten würden (ein Stern)? Da man davon ausgehen kann, daß Regeln und Wirkung der Auktionsform bekannt und akzeptiert waren, handelt es sich um ein bewußtes Verhalten. Dies könnte zum einen darin begründet sein, daß Teilnehmer bewußt niedrige Gebote machen, um nicht Auktionsgewinner zu werden, und sie andererseits ihre Mitspieler als risikobereiter und höherbietend einschätzen. Immerhin muß ein mit „**“ gekennzeichneter Spieler davon überzeugt sein, daß mindestens zwei Mitbewerber ihn überbieten[7]. Dies war 18-mal im ersten, 14-mal im zweiten Experimentlauf der Fall. Davon erwarteten 12. bzw. 6 Spieler für alle 4 Rollen höhere Preise, als sie selbst zu bieten bereit waren. Nur ein bzw. zwei Teilnehmer hatten ausschließlich für ihr eigenes Gebot eine höhere Preiserwartung, wobei die übrigen Angaben des betreffenden Spielers *j* 1 noch als implausibel angesehen werden müssen. Von den 18 bzw. 14 „**“-Fällen entfallen mit jeweils 6 Fällen überdurchschnittlich viele auf die potentiellen Apex-Spieler, was darauf hinweist, daß diese ihre Rolle als gefährlicher ansehen oder den als gerechtfertigt erachteten höheren Einsatz nicht zu setzen bereit sind.

Beschränkt man sich auf die hypothetischen Gebote, so zählt man 13 bzw. 7 Fälle. Dies ist auch die Kategorie, die sich nennenswert ändert, wenn man die nach den Kriterien aus dem folgenden Abschnitt implausiblen Daten bei der Betrachtung außen vorläßt. Man kommt dann zu 9 bzw. 5 Fällen von höherer Preiserwartung[8]. Man kann als Bezugsgröße für die angegebenen Häufigkeiten nicht die Anzahl der Teilnehmer heranziehen, sondern muß sich auf die Zahl derer beschränken, die so vollständige Angaben machten, daß der Vergleich Gebot – Preiserwartung überhaupt möglich ist. Da diese Zahl von 47 im ersten auf 37 im zweiten Durchgang sank, ist die relative Häufigkeit für die „**“-Kategorie unverändert geblieben, und auch der Rückgang in den anderen oben aufgezählten Kategorien ist viel geringer, als die absoluten Zahlen vermuten ließen. Da auch die Zahl der Angaben, die den Plausibilitätskriterien des nächsten Abschnittes nicht genügten, im zweiten Durchgang entscheidend sank, muß man davon ausgehen, daß durch die relative hohe Zahl implausibler Daten im ersten Durchgang auch diese relative Abnahme nur vorgetäuscht wird.

---

7 Was allerdings für die Spieler *g* 1 und *k* 3 in Serie 1 nicht zutraf, da diese die betreffenden Preise bestimmten.

8 Werden echte Gebote und entsprechende Preise betrachtet, kann die Änderung der Datenbasis nicht durchschlagen, da echte Daten nicht eliminiert werden können, und die Preise hierzu besonders vorsichtigt behandelt werden müssen, vgl. Abschnitt 4.3.2.2.2.

So bleibt festzuhalten, daß das Bewußtsein, nicht zu den von ihnen selbst als realistisch erachteten Rollenpreisen Verhandlungsteilnehmer zu werden, in beiden Läufen bei knapp 20 % der Spieler zu beobachten ist, wobei die potentiellen Apex-Spieler eindeutig überrepräsentiert sind.

In dem Experiment, in dem an die Stelle des Apex-Spiels ein nicht-kooperatives Oligopolspiel trat, lag der Anteil dieser Spieler bei 41 % im ersten und 28 % im zweiten Durchgang[9]. Die These, das zurückhaltende Bieten könne auf die fehlende mathematische Struktur des Spiels und somit auf die Schwierigkeit, realistische Auszahlungserwartungen zu generieren, zurückzuführen sein, erweist sich damit als haltlos, da das Oligopolspiel relativ einfach zu errechnende Bezugspunkte aufwies (Maximin–Strategie, Gleichgewichtspunkt u.a.).

4.3.2.2.2. Überlegungen zur Datenelimination

Offenbar gibt es aber Angaben, die den Anschein erwecken, vollkommen willkürlich gemacht worden zu sein. So gibt z.B. Spieler *j* 1 in Experiment 1 als Gebot für die Apex-Rolle DM 10,– an, hätte aber für die übrigen Rollen 50,–, 70,– und 90,– DM geboten. Auch seine Preisangaben scheinen eher einer Regelmäßigkeit der Zahlen als der Gedanken zu folgen: 30, 50, 70, 90. Es erscheint nicht gerechtfertigt, diese Daten als ernstgemeinte Angaben anzusehen. Spieler *k* 2, ebenfalls in Serie 1, hätte für die Rollen 3 und 4, 25 bzw. 20 DM geboten, bietet aber für seine potentielle Rolle 70 DM. Es ist schwer einzusehen, warum er für die anderen beiden Base-Rollen nur rund ein Drittel dieses Wertes bietet. Solche Beispiele finden sich häufiger. Nach welchen Kriterien aber kann man vorgehen, um solche Daten zu eliminieren? Hierbei darf auf keinen Fall das Vorgehen darauf abzielen, die Ergebnisse zu verbessern, sondern es sollen implausible Angaben einzelner Spieler aus der Datenbasis herausgenommen werden.

Echte Gebote zu eliminieren ist nicht gerechtfertigt, man hat sich auf die weichen Daten zu konzentrieren. Nach zwei Kriterien kann hier vorgegangen werden:

1. Außergewöhnlich hohe oder niedrige Gebote. Hier ist zu bedenken, sogar das Bieten von 0 kann der rationalen Überlegung entspringen, den Experimentator auszubeuten. Aus diesen Gründen können 0-Angaben also nicht eliminiert werden. Extrem hohe Angaben sind unsinnig, wenn sie größer als 100 sind, denn solche Gebote oder Preiserwartungen sind völlig irreal, wenn die Verhandlung nur um die Aufteilung von 100 DM geht. Hohe Gebote unter 100 DM könnten durch die Erwartung niedrigerer Preise kompensiert werden. Vor allem aber kann es kein Kriterium geben, Anga-

[9] Da es übertrieben scheint, nur um diese beiden Zahlen zu belegen, weitere vier Seiten Tabellen abzudrucken, sei darauf verzichtet.

ben unter oder über einer bestimmten Grenze als vernünftig bzw. unsinnig darzustellen. Das Kriterium, nach der Höhe der Angaben Daten zu eliminieren, versagt also fast völlig.

2. Der andere Zugang zur Überprüfung der Datenbasis ist die Asymmetrie. Stehen zum Beispiel hohe hypothetische Gebote niedrigen echten bei den a priori symmetrischen Base-Rollen gegenüber, so ist der Spieler unglaubwürdig.

   Hohe echte Gebote gegenüber niedrigen hypothetischen bei a priori symmetrischen Rollen sind ebenfalls nicht ohne weiteres begründbar, denn jede Überlegung, die zu dem hohen tatsächlichen Gebot führt, hätte auch auf die anderen Angaben durchschlagen müssen.

   Hohe hypothetische Angaben für die Base-Rollen neben einem niedrigen echten Gebot für die Apex-Spieler können in der Befürchtung begründet sein, die Base-Spieler in der Verhandlung könnten sich zu leicht gegen den exponierten Apex verbünden. Der Vergleich zwischen Angaben für die Apex- und Base-Rollen kann nur bei extremen Fällen (Beispiel Spieler *f* 3 Serie 1) zum Streichen von Angaben führen.

   Die Preisangaben sollen nach den gleichen Kriterien durchforstet werden, wobei besonders vorsichtig bei den Preisangaben zu den tatsächlichen Geboten vorgegangen werden soll.

   Als extrem asymmetrisch sollen dabei Werte gelten, die sich mindestens wie 2 : 1 verhalten oder die um mindestens 20 DM bei a priori symmetrischen Rollen differieren. Dies sind willkürlich gewählte Anhaltspunkte, die aber dem Bereich, dem die Daten entstammen, angemessen zu sein scheinen. In Zweifelsfällen ist natürlich nach dem Grundsatz „in dubio pro reo" zu verfahren.

Beim Beachten dieser Kriterien vermindert sich die Datenbasis um die in in den Tabellen 4.5 und 4.6 mit einem „+" gekennzeichneten Angaben.

4.3.3. Zur Verhandlung

4.3.3.1. Die Ergebnisse

Höchstbieter im ersten Experiment waren die Teilnehmer *d* 1, *k* 2, *f* 3 und *j* 4. Die Preise für die Rollen wurden durch die Gebote der Teilnehmer *g* 1, *o* 2, *k* 3 und *m* 4 bestimmt. Zusätzlich zu den Gebots- und Preisangaben gibt Tabelle 4.9 als Resultat der Verhandlung die Aufteilung der 100 DM an.

Tabelle 4.9

Grundlage und Ergebnis der ersten Verhandlung

	Rolle 1	Rolle 2	Rolle 3	Rolle 4
Höchstgebot	90.–	70.–	97.–	78.–
Preis	55.–	30.–	60.–	45.–
Verhandlungs-ergebnis	60.–	40.–	0	0
Auszahlung	+ 5.–	+ 10.–	– 60.–	– 45.–

Die entsprechenden Werte der zweiten Verhandlung sind in Tabelle 4.10 aufgelistet. Auch hier resultierte interessanterweise eine 60 : 40-Aufteilung zwischen dem Apex- und einem Base-Spieler.

Höchstbieter waren hier die Teilnehmer *c* 1, *l* 2, *g* 3 und *b* 4[10]. Die Preise wurden durch die Angaben der Teilnehmer *m* 1, *k* 2, *a* 3 bzw. *n* 3 und *k* 4 bestimmt.

Tabelle 4.10

Grundlage und Ergebnis der zweiten Verhandlung

	Rolle 1	Rolle 2	Rolle 3	Rolle 4
Höchstgebot	51.–	35.–	30.–	35.–
Preis	50.–	25.–	25.–	32.–
Verhandlungs-ergebnis	60.–	0	40.–	0
Auszahlung	+ 10.–	– 25.–	+ 15.–	– 32.–

Nicht nur die Vektoren der Höchstgebote, auch die Preisvektoren spiegeln noch einmal den Rückgang der in den Tabellen 4.7 und 4.8 angesprochenen Spannweiten der Gebote wider. Die Summe der vier Rollenpreise betrug vor der ersten Verhandlung DM 185.–.

In der zweiten Verhandlung waren die Spieler nur noch mit Kosten in einer Gesamthöhe von DM 132.– belastet, was aber angesichts der zur Verteilung stehenden DM 100.– immer noch den in Abschnitt 4.3.2 angesprochenen Gewinn der Experimentveranstalter verursachte. Auch die Unterschiede zwischen

10 Teilnehmer *m* 3 mußte im Verlauf der Auktion aus der Wertung genommen werden.

den Geboten und den zugehörigen Rollenpreisen wurden im zweiten Durchlauf geringer, was auf eine Verkleinerung der Varianzen hindeuten könnte.

4.3.3.2. Verhandlungserfolg und Rollenpreise

Es ist nicht nur auffallend, daß in beiden Verhandlungen der gleiche Koalitionstyp mit gleichartiger Auszahlungsaufteilung stabil war, sondern insbesondere ist jeweils der bzw. einer der Base-Spieler mit minimalem Rollenpreis erfolgreich. Die Datenbasis mit gerade zwei Beobachtungen ist natürlich extrem mager. Im folgenden soll daher überlegt werden, ob die Hypothese, die Base-Spieler mit den niedrigsten Rollenkosten seien in der Verhandlung am ehesten erfolgreich, mit den psychologischen und soziologischen Kriterien für erfolgreiche Base-Spieler nach Selten / Schuster[11] in Einklang zu bringen ist.

Als erstes Ergebnis fanden Selten und Schuster die folgenden fünf Aussagen, die statistisch signifikant mit dem Erfolg der kleinen Spieler in einer stabilen minimalen 2-Personen-Koalition korreliert waren.

1. Es besteht eine Tendenz des Apex-Spielers, bei der Koalitionsbildung den Base-Spieler zu bevorzugen, der ihm am sympathischsten erscheint.
2. Verglichen mit den weniger erfolgreichen Base-Spielern besteht bei dem erfolgreichen eine hohe Risikoaversion, die Selten und Schuster als Folgeeines geringen Selbstvertrauens einstufen.
3. Die betreffenden kleinen Spieler sind als sehr konformistisch einzustufen.
4. Sie verhalten sich während der Verhandlung eher passiv als aufdringlich und machen weniger Koalitionsangebote.
5. Andererseits ist ihr Forderungsniveau signifikant höher als das der weniger erfolgreichen.

Die scheinbaren Widersprüche in diesen Aussagen (Risikoaversion – hohes Forderungsniveau) räumen Selten / Schuster aus: Die Risikoaversion entsteht aus dem geringen Selbstvertrauen und der damit einhergehenden heftigen Angst der Testteilnehmer vor Mißerfolgen. Da die Teilnahme an dem Spiel vorgegeben ist, muß Ziel dieser Spieler sein, die Isolation (= Mißerfolg) am Ende der Verhandlung zu vermeiden. Daher handeln diese Spieler überlegter, zurückhaltender (Zahl der Koalitionsangebote!) und bewußter auf das Ziel hin, den Apex zu einer Koalition zu bewegen. Dazu geben sie dem Apex das Vertrauen, daß ihre (hohen!) Ansprüche nur in Koalitionen mit ihm erfüllbar sind. Der Apex kann dann sicher sein, daß diese Koalition stabil ist.

Bei den im Rahmen dieser Arbeit beobachteten Verhandelnden wurden keine psychologischen oder soziometrischen Tests durchgeführt. Daß aber in

[11] Vgl. Selten / Schuster, S. 120 ff.

der zweiten Runde Sympathiebeziehungen zumindest mit im Spiel waren, wurde schon angedeutet. Offensichtlich war auch, daß derjenige Base-Spieler erfolgreich blieb, der am ehesten das Vertrauen des Apex errang.

Aussagen über Risikobereitschaft und Forderungsverhalten der Spieler während der Verhandlung können jedoch nicht gemacht werden. Ob diese in einen Zusammenhang mit den Rollenpreisen gestellt werden können, muß daher in weitergehenden Untersuchungen geklärt werden.

4.3.4. Statistische Analyse der Gebots- und Preisangaben

4.3.4.1. Zielsetzung und Vorgehensweise

Die in den Tabellen 4.5 und 4.6 wiedergegebenen tatsächlichen und hypothetischen Gebote und erwarteten Preise wurden in insgesamt 64 Gruppen unterteilt[12]. Für diese 64 Stichproben wurden zunächst die Mittelwerte $\bar{x}$ und Streuungen s (Wurzel aus der Varianz) berechnet. Die Ergebnisse befinden sich in den Tabellen 4.11 und 4.12 bzw. 4.13 und 4.14 für die verkleinerte Datenbasis.

Unter der Annahme, die 64 Stichproben seien voneinander unabhängig[13] und jeweils normalverteilt, kann man dann Tests auf gleiche Verteilung durchführen, d.h. prüfen, ob man davon ausgehen kann, daß immer 2 Stichproben aus der gleichen Grundgesamtheit stammen. Dies festzustellen dient der Beantwortung der folgenden Fragen:

1. Wird die Symmetrie der Base-Spieler durch die Angaben reproduziert? Gibt es hier Unterschiede in der Bewertung der echten Gebote gegenüber der hypothetischen durch die potentiellen Base-Spieler?
2. Wird die Apex-Rolle durch die potentiellen Base-Spieler anders gesehen als durch die potentiellen Apex-Spieler selbst? Unterscheidet der Apex andererseits zwischen den übrigen Rollen?
3. Setzen sich die gefundenen Ergebnisse bei den Preisen fort, oder gibt es hier Unterschiede? Kann man davon ausgehen, daß die Spieler erwarten, ihre Gebote als Preise im Ernstfall auch zahlen zu müssen?

---

[12] 2 Experimentdurchgänge mit je 4 verschiedenen potentiellen Spielern, wobei jeder Teilnehmer bis zu 8 Angaben machte.

[13] Die Annahme, die Stichproben seien jeweils voneinander unabhängig, kann sicherlich vor allem bei den Angaben, die von dem gleichen Spieler stammen, kritisiert werden. Allerdings läßt die häufig unterschiedliche Bewertung von a priori symmetrischen Rollen und die oft zu beobachtende Erwartung höherer Preise gegenüber dem eigenen Gebotsverhalten (beides auch nach Herausnahme implausibler Daten) die Annahme doch gerechtfertigt erscheinen.

Tabelle 4.11: **Durchschnitte und Streuungen der Gebote und erwarteten Preise im 1. Experiment**

		Gebot für Pos. 1	Gebot für Pos. 2	Gebot für Pos. 3	Gebot für Pos. 4	erw. Preis Pos. 1	erw. Preis Pos. 2	erw. Preis Pos. 3	erw. Preis Pos. 4
poten-	n	15	13	13	13	12	12	12	12
tielle	$\bar{x}$	23.913	19.269	19.769	21.423	24.667	20.917	21.958	23.833
Spieler 1	s	23.151	13.694	17.889	22.679	20.742	14.413	18.266	22.910
poten-	n	13	15	12	12	11	11	11	9
tielle	$\bar{x}$	24.207	19.466	16.058	17.142	27.364	20.2	17.517	15.222
Spieler 2	s	18.454	16.571	8.023	9.654	14.023	9.627	9.627	8.885
poten-	n	14	14	14	14	13	13	13	13
tielle	$\bar{x}$	40.5	25.229	34.893	23.271	42.923	27.462	28.385	27.077
Spieler 3	s	26.596	14.455	23.506	16.939	18.848	18.383	21.754	21.219
poten-	n	12	12	12	14	11	11	11	11
tielle	$\bar{x}$	23.625	20.583	21.583	22.271	37.090	23.5	25.591	24.773
Spieler 4	s	13.927	13.365	14.375	19.753	29.075	16.32	18.882	20.134

Tabelle 4.12: **Durchschnitte und Streuungen der Gebote und erwarteten Preise im 2. Experiment**

		Gebot für Pos. 1	Gebot für Pos. 2	Gebot für Pos. 3	Gebot für Pos. 4	erw. Preis Pos. 1	erw. Preis Pos. 2	erw. Preis Pos. 3	erw. Preis Pos. 4
poten-	n	15	12	12	11	11	11	11	11
tielle	$\overline{x}$	23.355	19.417	18.667	16.909	34.818	22.727	22.273	21.545
Spieler 1	s	15.825	9.209	8.742	8.734	19.297	15.389	17.083	20.032
poten-	n	13	14	13	13	12	12	12	12
tielle	$\overline{x}$	26.923	15.929	16.231	14.846	30.083	16.333	15.085	14.083
Spieler 2	s	20.581	11.303	13.330	10.479	22.240	11.773	10.264	9.395
poten-	n	9	9	11	9	5	5	5	5
tielle	$\overline{x}$	61.000	18.556	12.636	18.111	43.2	15.6	13.6	11.6
Spieler 3	s	94.348	19.584	9.821	21.894	37.413	15.773	12.116	9.209
poten-	n	12	12	12	14	9	9	9	9
tielle	$\overline{x}$	35.000	25.167	20.167	15.499	31.444	21.556	17.444	16.000
Spieler 4	s	15.875	12.698	9.741	9.485	20.280	7.282	8.589	7.124

Tabelle 4.13: **Durchschnitte und Streuungen der Gebote und erwarteten Preise im 1. Experiment (nach Datenelimination)**

		Gebot für Pos. 1	Gebot für Pos. 2	Gebot für Pos. 3	Gebot für Pos. 4	erw. Preis Pos. 1	erw. Preis Pos. 2	erw. Preis Pos. 3	erw. Preis Pos. 4
poten-	n	15	11	11	11	12	10	10	10
tielle	$\overline{x}$	23.913	18.091	16.909	17.091	24.667	20.0	19.2	19.3
Spieler 1	s	23.151	9.874	9.354	9.082	20.742	10.719	9.818	9.166
poten-	n	13	15	9	9	11	11	11	9
tielle	$\overline{x}$	24.207	19.466	16.966	18.633	27.364	20.2	17.517	15.222
Spieler 2	s	18.454	16.571	6.724	9.371	14.023	9.627	9.627	8.885
poten-	n	13	10	14	10	13	12	12	10
tielle	$\overline{x}$	43.538	27.22	34.893	28.98	42.923	29.75	29.5	28.2
Spieler 3	s	25.025	14.969	23.506	16.625	18.848	17.158	22.33	21.684
poten-	n	11	11	11	14	14	11	11	10
tielle	$\overline{x}$	21.318	17.909	18.909	22.271	37.091	23.5	22.15	25.25
Spieler 4	s	11.963	10.104	11.528	19.753	29.077	16.32	15.857	21.157

Tabelle 4.14: **Durchschnitte und Streuungen der Gebote und erwarteten Preise im 2. Experiment (nach Datenelimination)**

		Gebot für Pos. 1	Gebot für Pos. 2	Gebot für Pos. 3	Gebot für Pos. 4	erw. Preis Pos. 1	erw. Preis Pos. 2	erw. Preis Pos. 3	erw. Preis Pos. 4
poten-	n	15	12	12	11	10	10	10	10
tielle	$\bar{x}$	23.355	19.417	18.667	16.409	34.3	20.0	18.5	16.7
Spieler 1	s	15.825	9.209	8.742	8.734	20.26	13.123	12.259	12.606
poten-	n	13	14	12	12	12	12	12	10
tielle	$\bar{x}$	26.923	15.929	13.667	15.667	30.083	16.333	15.083	14.9
Spieler 2	s	20.581	11.303	10.03	10.5	22.24	11.773	10.264	9.893
poten-	n	7	7	11	7	4	4	4	4
tielle	$\bar{x}$	21.429	15.143	12.636	13.143	29.138	19.5	17.0	14.5
Spieler 3	s	16.762	12.655	9.821	10.621	23.057	15.177	10.893	7.55
poten-	n	12	9	10	14	9	8	8	9
tielle	$\bar{x}$	35.0	24.667	19.7	15.499	31.444	20.5	19.375	16.0
Spieler 4	s	15.875	14.569	10.1	9.485	20.28	7.01	6.781	7.124

4. Gibt es Unterschiede zwischen dem ersten und dem zweiten Durchgang? Sind Lerneffekte zu erkennen?

5. Gibt es überhaupt Unterschiede in der Bewertung der Position als Apex-Spieler und der Base-Rollen, oder muß man zugeben, daß diese Rollen von einigen oder allen Spielergruppen ebenfalls gleich bewertet werden?

Eine Beantwortung dieser und anderer Fragen, sowie eine Systematisierung der sinnvollen Vergleiche ist in Abschnitt 4.3.4.3 vorgesehen, wo die Ergebnisse der statistischen Analyse dargelegt werden sollen.

Der Test auf gleiche Verteilung der Stichproben kann wegen der geringen Stichprobengrößen nicht direkt durchgeführt werden[14]. Vielmehr wird zunächst ein Test auf gleiche Varianz der Stichproben durchgeführt und, falls diese Hypothese angenommen wird, anschließend ein Test auf gleichen Mittelwert. Wird auch dabei diese Null-Hypothese nicht verworfen, kann man davon ausgehen, daß die Stichproben der gleichen Grundgesamtheit entstammen[15]. Bei der konkreten Bewertung von Rollen und Erwartung von Preisen im Apex-Spiel kann dann zwischen zwei solchen Stichproben nicht signifikant unterschieden werden.

Insgesamt wurden auf diese Weise 2016 Vergleiche durchgeführt, weshalb auf die Methoden der ADV zurückgegriffen werden mußte. Anmerkungen zu dem benutzten Programm finden sich im folgenden Abschnitt, bevor in Abschnitt 4.3.4.3 auf die Ergebnisse einzugehen sein wird.

4.3.4.2. Anmerkungen zum benutzten Programm

Das benutzte FORTRAN-Programm[16] erklärt sich durch die eingefügten Kommentare im wesentlichen von selbst, so daß hier nur wenige Anmerkungen gegeben werden sollen. In speziellen Unterprogrammen werden die Vergleichswerte für die Fishersche z-Verteilung (für die Varianztests) und Students t-Verteilung (für die Mittelwerttests) berechnet. Die hierin enthaltenen Integrale werden über Iterationsformeln[17] auf zwei Dezimalstellen genau bestimmt. Durch ausgiebige Tests ist sichergestellt worden, daß durch diese Vorgehensweise nicht auf Genauigkeit, wie sie die Tabellen in Statistikbüchern bieten,

---

14 Vgl. Fisz, M.: Wahrscheinlichkeitsrechnung und mathematische Statistik, Berlin (DDR) 1971, S. 504.

15 Zu diesem Vorgehen vgl. Kreyszig, E.: Statistische Methoden und ihre Anwendungen, Göttingen 1973, S. 218.

16 Abgedruckt im Anhang.

17 Vgl. Zurmühl, R.: Praktische Mathematik für Ingenieure und Physiker, Berlin/Heidelberg/New York 1965, S. 229 ff.

verzichtet wurde. Vorteil dieses Verfahrens ist die Unabhängigkeit von bestimmten Signifikanzniveaus. Das Programm rechnet mit jeder, zusammen mit den Daten eingegebenen Sicherheitswahrscheinlichkeit α.

Nachteilig wirkt sich dies auf die Laufzeit aus, die mehrere Stunden beträgt. Die einmal errechneten Vergleichswerte wurden daher für weitere Läufe mit gleichem α aber veränderter Datenbasis abgespeichert, um dann schneller verfügbar zu sein.

Gerechnet wurde mit dem Cromemco System Three Microcomputer des Seminars für Fertigungswirtschaft an der Universität zu Köln, Haedenkampstraße 2.

4.3.4.3. Ergebnisse der statistischen Berechnungen

4.3.4.3.1. Mittelwerte und Streuungen

Aufgeschlüsselt nach den vier Gruppen potentieller Spieler und den maximal acht Angaben, die jeder Teilnehmer machen konnte, geben die Tabellen 4.11 und 4.12 die Mittelwerte $\bar{x}$ und Standardabweichungen s für die so gebildeten 32 Stichproben an. Zusätzlich ist jeweils die Zahl der in die Berechnung eingegangenen Werte angegeben. Die nach dem gleichen Schema aufgebauten Tabellen 4.13 und 4.14 enthalten die Werte, die sich ergeben, wenn man die Berechnungen für die verkleinerte Datenbasis durchführt.

Man erkennt sofort, daß die Spieler einer Gruppe fast immer die Apex-Rolle am höchsten bewerteten (einzige Ausnahme sind die potentiellen Spieler 4 gemäß Tabelle 4.13). Die Durchschnitte der Gebotsangaben für die Position als Apex-Spieler sind in keiner der Tabellen 4.11 bis 4.14 die vier höchsten mittleren (echten oder hypothetischen) Gebote. So sind zum Beispiel auch nach Elimination implausibler Daten die drei Gebotsangaben der potentiellen Spieler 3 in Serie 1 durchschnittlich höher als die Mittelwerte, die sich aus den Angaben der übrigen Spielergruppen ergeben (Tabelle 4.13). Die Position des Apex-Spielers wird von den Teilnehmern also längst nicht als so dominierend angesehen, wie dies die Lösungskonzepte der kooperativen Spieltheorie mit Seitenzahlungen überwiegend tun.

Ob die potentiellen Base-Spieler ihre eigene Rolle anders bewerten als die anderen Base-Positionen, kann nicht eindeutig beantwortet werden, da die echten Gebote in manchen Fällen Minimum, in anderen Maximum der drei Angaben für die Base-Rollen sind. Ob es hier aber statistisch signifikante Unterschiede gibt, muß das Kapitel über die Testergebnisse zeigen.

Ebensowenig trifft die Befürchtung zu, eine Prominenz der Rollenbenennung, die sich in größerer Nähe zum Apex-Spieler ausdrückt, setze sich gegen die Symmetrie durch. Die Tabellen enthalten viele Gegenbeispiele, in denen Rollen mit höheren Benennungen auch höher bewertet wurden[18].

Die Standardabweichungen der echten Gebote sind im ersten Experimentdurchgang (Tabellen 4.11 und 4.13) fast immer größer als die der anderen Gebotsangaben der gleichen Spieler[19].

Im zweiten Lauf ist dieses Faktum nicht mehr zu beobachten, im Gegenteil ist die Standardabweichung der echten Gebote bei den potentiellen Spielern 3 und 4 die kleinste ihrer Gebotsangaben. Dies deutet darauf hin, daß gewisse Lerneffekte, zumindest aber eine größere Sicherheit in der Einordnung und Einschätzung der eigenen potentiellen Spielerposition zu beobachten sind.

Vergleicht man die durchschnittlichen Preisangaben untereinander, so kann man nicht verkennen, daß hier im wesentlichen die gleichen Tendenzen und Beziehungen bestehen. Die in Abschnitt 4.3.2.2.1 angesprochene Erwartung höherer Verkaufspreise, verglichen mit dem eigenen Gebot, schlägt sogar auf die Mittelwerte durch. Zwischen 8 und 14 der jeweils 16 Durchschnitte der Preiserwartungen in den Tabellen 4.11 bis 4.14 sind größer als die zugehörigen Gebote. Im ersten Lauf sind drei, im zweiten sogar alle vier echten Gebotsdurchschnitte kleiner als die entsprechenden Preiserwartungen. Inwieweit diese Unterschiede statistisch signifikant sind, muß sich im zweiten Teil dieses Abschnittes erweisen.

4.3.4.3.2. Tests auf gleiche Grundgesamtheit

Das Testprogramm lief einmal mit den Originaldaten, dann mit der modifizierten Datenbasis, beide Male wurde ein Signifikanzniveau von 5 % gewählt. Obwohl, wie oben erwähnt, das Signifikanzniveau unabhängig vom benutzten Programm bestimmt werden konnte, wurden keine weiteren Läufe mit anderen Irrtrumswahrscheinlichkeiten durchgeführt.

Ergibt der Vergleich zweier Stichproben, daß sie gleiche Varianz und gleichen Mittelwert haben, so sind die Spielergruppen, die die entsprechenden

18 Es ist ein bekanntes Phänomen, daß allein schon die fortlaufende Benennung von z.B. Rollen in kooperativen Spielen mit Seitenzahlungen die Teilnehmer veranlaßt, den Rollen mit den höheren Rollennummern weniger Wert zuzumessen. Selten / Schuster wollten diese Schwierigkeit umgehen, indem sie dem Apex eine beliebige Rollennummer zulosten. Es darf bezweifelt werden, ob dies ausreicht, um den Spielern klarzumachen, daß die Base-Rollen symmetrisch sind. Besser wäre vielleicht, statt Nummern, Namen zu vergeben. Für die hier vorgestellten Experimente scheint aber bei der Betrachtung der durchschnittlichen Gebote dieses Phänomen in den Hintergrund zu treten; vgl. Selten / Schuster, S. 108 ff.

19 Ausnahme sind die potentiellen Spieler 3, deren Angaben für die Rolle 1 noch etwas stärker schwanken.

Seite 2 der
Tabelle 4.15

	211	212	213	214	215	216	217	218	221	222	223	224	225	226	227	228	231	232	233	234	235	236	237	238	241	242	243	244	245	246	247	248
111	x				x	x	x	x	x				x					x		x	x	x	x		x				x			
112	x	x	x	x		x	x	x	x	x	x	x	x	x	x	x		x	x	x		x	x	x		x	x	x	x		x	
113	x					x	x	x	x	x	x		x	x				x		x		x	x	x		x			x			
114	x				x	x	x	x	x				x					x		x	x	x	x						x			
115	x				x	x	x	x	x		x		x					x		x	x	x	x	x	x	x			x			
116	x	x	x	x		x	x	x	x	x	x	x	x	x	x	x		x	x	x		x	x	x		x	x	x	x		x	
117	x				x	x	x	x	x	x	x		x	x				x		x		x	x	x		x			x			
118	x				x	x	x	x	x				x					x		x	x	x	x		x				x			
121	x				x	x	x	x	x		x		x	x				x		x		x	x	x	x		x		x			
122	x					x	x	x	x	x	x	x	x	x	x			x	x	x		x	x	x		x			x			
123		x	x	x						x		x		x	x	x			x				x	x			x	x		x	x	x
124	x	x	x	x		x				x	x	x		x	x	x			x			x	x	x			x	x		x	x	x
125	x	x	x	x	x	x	x	x	x	x	x	x	x	x	x	x		x	x	x		x	x	x	x	x	x	x	x		x	
126	x	x	x	x		x				x	x	x		x	x	x			x			x	x	x		x	x	x		x	x	x
127	x	x	x	x		x				x	x	x		x	x	x			x			x	x	x		x	x	x		x	x	x
128	x	x	x	x		x				x	x	x		x	x	x			x			x	x	x			x	x		x	x	x
131					x		x	x	x				x					x		x	x	x	x						x			
132	x	x	x	x	x	x	x	x	x	x	x	x	x	x	x	x		x	x	x		x	x	x	x	x	x	x	x		x	
133	x				x	x	x	x	x				x					x		x	x	x	x		x				x			
134	x				x	x	x	x	x	x	x	x	x	x	x			x		x		x	x	x		x			x			
135	x				x	x	x	x	x		x		x	x				x		x		x	x	x	x	x			x			
136	x				x	x	x	x	x		x		x	x				x		x		x	x	x	x	x			x			
137	x				x	x	x	x	x				x					x		x	x	x	x	x	x				x			
138	x				x	x	x	x	x		x		x					x		x	x	x	x	x	x				x			
141	x	x	x	x	x	x	x	x	x	x	x	x	x	x	x	x		x	x	x		x	x	x		x	x	x	x		x	
142	x	x	x	x		x	x	x	x	x	x	x	x	x	x	x		x	x	x		x	x	x		x	x	x	x		x	
143	x	x	x	x		x	x	x	x	x	x	x	x	x	x	x		x	x	x		x	x	x		x	x	x	x		x	
144	x				x	x	x	x	x		x		x					x		x		x	x	x		x			x			
145					x		x	x	x				x					x		x	x	x	x						x			
146	x				x	x	x	x	x	x	x	x	x	x	x			x	x	x		x	x	x	x	x	x		x			
147	x				x	x	x	x	x		x		x	x				x		x		x	x	x	x	x			x			
148	x				x	x	x	x	x		x		x					x		x	x	x	x	x	x	x			x			

Seite 3 der
Tabelle 4.15

	111	112	113	114	115	116	117	118	121	122	123	124	125	126	127	128	131	132	133	134	135	136	137	138	141	142	143	144	145	146	147	148
211	x	x			x	x	x	x	x	x		x	x	x	x	x		x	x	x	x	x	x	x	x	x	x	x		x	x	x
212		x	x	x		x	x	x			x	x	x	x	x	x		x							x	x	x					
213		x	x	x		x	x	x			x	x	x	x	x	x									x	x	x					
214		x	x	x		x	x	x			x	x	x	x	x	x		x							x	x	x					
215	x				x				x				x				x	x	x	x	x	x	x	x				x	x	x	x	x
216		x	x	x	x	x	x	x	x	x		x	x	x	x	x		x		x	x	x	x	x	x	x	x	x		x	x	x
217		x	x	x	x	x	x	x	x	x	x	x	x	x	x	x		x		x	x	x		x	x	x	x	x		x	x	x
218			x	x	x	x	x	x	x	x		x	x	x	x	x		x		x	x	x		x	x	x	x	x		x	x	x
221	x				x				x	x			x				x	x	x	x	x	x	x	x				x	x	x	x	x
222		x	x	x		x	x	x		x	x	x	x	x	x	x		x		x		x			x	x	x			x	x	
223		x	x	x		x	x	x		x	x	x	x	x	x	x		x		x					x	x	x			x	x	
224		x	x	x		x	x	x		x	x	x	x	x	x	x		x		x		x			x	x	x			x	x	
225	x				x				x	x			x				x	x	x	x	x	x	x	x				x	x	x	x	x
226		x	x	x		x	x	x	x	x	x	x	x	x	x	x		x		x	x	x			x	x	x			x	x	
227		x	x	x		x	x	x		x	x	x	x	x	x	x		x		x		x			x	x	x			x	x	
228		x	x	x		x	x	x		x	x	x	x	x	x	x		x		x		x			x	x	x			x	x	
231	x	x	x		x	x	x	x	x	x		x	x	x	x	x	x	x	x	x	x	x	x	x	x	x	x	x	x	x	x	x
232	x	x	x	x	x	x	x	x	x	x	x	x	x	x	x	x	x	x	x	x	x	x	x	x	x	x	x	x		x	x	x
233		x	x	x		x	x	x		x	x	x	x	x	x	x		x		x					x	x	x			x	x	
234		x	x	x	x	x	x	x	x	x	x	x	x	x	x	x		x		x	x	x			x	x	x	x		x	x	x
235	x				x				x	x			x				x	x	x	x	x	x	x	x				x	x	x	x	x
236	x	x	x	x	x	x	x	x	x	x		x	x	x	x	x	x	x	x	x	x	x	x	x	x	x	x	x	x	x	x	x
237	x	x	x	x	x	x	x	x	x	x	x	x	x	x	x	x	x	x	x	x	x	x	x	x	x	x	x	x	x	x	x	x
238		x	x	x	x	x	x	x	x	x	x	x	x	x	x	x		x		x	x	x	x	x	x	x	x	x		x	x	x
241	x				x				x				x				x	x	x	x	x	x	x	x						x		x
242	x	x	x	x	x	x	x	x	x	x		x	x	x	x	x	x	x	x	x	x	x	x	x	x	x	x	x		x	x	x
243		x	x	x		x	x	x		x	x	x	x	x	x	x		x		x					x	x	x			x	x	
244		x	x	x		x	x	x			x	x	x	x	x	x		x				x			x	x	x					
245	x				x				x	x			x				x	x	x	x	x		x	x	x			x	x	x	x	x
246		x	x	x		x	x	x			x	x		x	x	x						x			x	x	x					
247		x	x	x		x	x	x			x	x		x	x	x									x	x	x					
248		x	x	x		x	x	x			x	x		x	x	x									x	x	x					

Seite 4 der
Tabelle 4.15

	211	212	213	214	215	216	217	218	221	222	223	224	225	226	227	228	231	232	233	234	235	236	237	238	241	242	243	244	245	246	247	248
211					x	x	x	x	x	x	x	x	x	x	x			x	x	x		x	x	x		x	x		x			
212			x	x		x				x	x	x		x	x	x			x			x	x	x		x	x	x		x	x	x
213		x		x						x	x	x		x	x	x			x			x	x	x		x	x	x		x	x	x
214		x	x							x	x	x		x	x	x			x			x	x	x			x	x		x	x	x
215	x					x	x	x	x		x		x	x				x		x		x	x	x	x	x			x			
216	x	x	x		x		x	x	x	x	x	x	x	x	x	x		x	x	x		x	x	x		x	x	x	x		x	
217	x	x	x		x	x		x	x	x	x	x	x	x	x			x		x		x	x	x		x			x			
218	x	x	x		x	x	x		x		x		x					x		x		x	x	x		x			x			
221	x				x	x	x	x			x		x					x		x		x	x	x	x	x			x			
222	x	x		x		x	x	x			x	x		x	x	x			x			x	x	x			x	x		x	x	x
223	x	x		x		x	x	x		x		x		x	x	x		x	x	x		x	x	x		x	x	x			x	
224	x	x		x		x	x	x		x	x			x	x	x			x			x	x	x			x	x		x	x	x
225	x				x	x			x									x		x	x	x	x	x	x				x			
226	x	x		x		x	x	x		x	x	x			x	x		x	x			x	x	x			x	x		x	x	x
227	x	x		x		x	x	x		x	x	x		x		x			x			x	x	x			x	x		x	x	x
228	x	x		x		x	x	x		x	x	x		x	x				x			x	x	x			x	x			x	x
231	x				x	x	x	x	x	x	x	x	x	x	x	x																
232	x	x		x	x	x	x	x	x	x	x	x	x	x	x	x	x			x	x	x	x	x		x			x			
233	x	x		x		x	x	x		x	x	x		x	x	x	x	x				x	x	x				x			x	x
234	x	x		x	x	x	x	x	x	x	x	x		x	x	x	x	x	x		x	x	x	x					x			
235	x				x	x	x	x	x				x				x	x		x		x							x			
236	x	x		x	x	x	x	x	x	x	x	x	x	x	x	x	x	x	x	x	x		x	x		x	x	x	x		x	
237	x	x		x	x	x	x	x	x	x	x	x	x	x	x	x	x	x	x	x	x	x		x		x	x	x	x	x	x	x
238	x	x		x	x	x	x	x	x	x	x	x	x	x	x	x	x	x	x	x		x	x				x	x			x	x
241					x				x				x								x	x					x	x		x		
242	x	x		x	x	x	x	x	x	x		x	x	x		x	x	x	x		x	x	x	x	x		x	x	x	x	x	x
243	x	x		x		x	x	x		x	x	x		x	x	x	x	x	x	x		x	x	x	x	x		x		x	x	x
244		x		x		x	x	x		x	x	x		x	x	x	x	x	x	x		x	x	x		x	x			x	x	x
245	x				x	x	x		x				x								x	x	x	x	x	x						
246		x		x		x	x	x		x	x	x		x	x	x	x	x	x	x			x	x			x	x			x	x
247		x		x			x	x		x	x	x		x	x	x	x	x	x	x			x	x			x	x		x		x
248		x		x			x	x		x	x	x		x	x	x	x	x	x	x			x	x			x	x		x	x	

Man kann sich verschiedene Systematisierungen vorstellen, um einen überlegten Zugang zu der Informationsfülle in Tabelle 4.15 zu finden. Die folgende Gliederung bezieht sich besonders auf die Struktur des Apex-Spiels und berücksichtigt auch die zweifache Durchführung des Experimentes sowie die doppelte Datenbasis. Die Analyse der Verteilungstestergebnisse soll daher nach folgendem Schema ablaufen:

A. Wie wird die Spielerstruktur eingeschätzt?

1. Wird die Symmetrie der Base-Spieler erkannt?
   a) von den potentiellen Apex-Spielern
      a 1) in seinen hypothetischen Geboten,
      a 2) in den Preiserwartungen,
   b) von den potentiellen Base-Spielern
      b 1) im Vergleich der echten Gebote der drei Spielergruppen,
      b 2) im Vergleich der echten mit den hypothetischen Geboten einer Spielergruppe,
      b 3) im Vergleich der hypothetischen Gebote einer Gruppe.
      b 4) Sind die Preiserwartungen symmetrisch?

2. Wird die Position des Apex-Spielers von den anderen Rollen abgegrenzt?
   a) von den potentiellen Apex-Spielern selbst
      a 1) bzgl. der Gebote
      a 2) bzgl. der Preiserwartungen
   b) von den potentiellen Base-Spielern
      b 1) bzgl. der (echten oder hypothetischen) Gebote
      b 2) bzgl. der Preiserwartungen
   c) im Vergleich der echten Gebote

B. Wie stehen hypothetische Gebote und entsprechende echte Gebote anderer Spieler zueinander?

C. Wie verhalten sich die Preise zu den Geboten?

1. Kann man die Gebote auch als Preiserwartung sehen?
2. Kann man Zusammenhänge zwischen
   a) echten Geboten und erwarteten Preisen für fremde Rollen,
   b) hypothetischen Geboten und erwarteten eigenen Preisen

   erkennen?

D. Welche Veränderungen oder Gleichartigkeiten lassen sich erkennen, wenn man die Experimente 1 und 2 miteinander vergleicht?

1. Kann man im Spielerverhalten Änderungen beobachten
   a) hinsichtlich der echten Gebote,
   b) hinsichtlich der hypothetischen Gebote,
   c) hinsichtlich der erwarteten Preise?
2. Wie ändern sich die bisher gefundenen Ergebnisse bei dem Vergleich der beiden Experimente?
   a) Wird die Spielerstruktur besser erkannt?
   b) Kann man von Veränderungen (Verbesserungen) im Verhältnis Gebote–erwartete Preise erkennen?

E. Welchen Einfluß kann man der Elimination implausibler Daten auf die bisherigen Ergebnisse zuschreiben?

Wie die Fragen unter D 2 und E schon andeuten, sollen die vorherigen Gliederungspunkte so abgehandelt werden, daß jeweils die Ergebnisse des ersten und zweiten Durchgangs mit beiden Datenbasen ermittelt und die letztendlichen Schlußfolgerungen aus diesen Vergleichen erst unter den letzten Punkten gezogen werden sollen.

Zu den Ergebnissen:

Geht man entsprechend der vorgestellten Gliederung vor, so ist jeweils klar, welche Stichprobenpaare auf gleiche Grundgesamtheit hin betrachtet werden müssen. Fragen, die sich auf Angaben im gleichen Experiment beziehen, bringen dabei immer vier Vergleichsergebnisse hervor, zwei Experimentdurchgänge einmal mit den Originaldaten, dann mit der verkürzten Datenbasis. Das Auffinden dieser Ergebnisse beschränkt sich durch das Vorliegen der Tabelle 4.15 auf nichts anderes als ein Auszählen von Kreuzen, daher soll an dieser Stelle darauf verzichtet werden, die Zählergebnisse explizit (z.B. in Form vieler weiterer Tabellen) aufzuschreiben. Die oben gestellten Fragen sollen daher direkt beantwortet werden. Da exakt in der Reihenfolge der angegebenen Gliederung vorgegangen werden soll, sei darauf verzichtet, jeden einzelnen Punkt als Überschrift noch einmal anzugeben[21].

---

21 Teilweise soll im folgenden der Begriff „der Spieler x" synonym als Gattungsbegriff neben den genauen Bezeichnungen „die potentiellen Spieler x" oder „die Gruppe der potentiellen Spieler x" stehen. Sollen bestimmte

Durch Heranziehen der Daten der Tabellen 4.5 und 4.6 (von den Spielern gemachte Angaben) und der Berechnungsergebnisse aus den Tabellen 4.11 bis 4.14 (Mittelwerte und Standardabweichungen) können dabei einzelne Ergebnisse näher erläutert werden.

ad A. Zur Spielerstruktur

Die potentiellen Apex-Spieler unterscheiden hinsichtlich ihrer hypothetischen Gebote in drei der vier Datenbasen nicht zwischen den drei Base-Rollen. Lediglich die Position des vierten Base-Spielers im ersten Experiment wird abgegrenzt, was jedoch eindeutig auf den Einfluß implausibler Daten (Spieler *j* 1) zurückzuführen ist. Die Preise für die Base-Positionen werden von den potentiellen Spielern 1 durchweg als gleich verteilt angesehen.

Das echte Gebot der potentiellen Spieler 4 ist in beiden Experimentdurchgängen und bezüglich beider Datenbasen genauso verteilt wie die anderen beiden echten Base-Gebote. Untereinander sind die echten Gebote der potentiellen Spieler 2 und 3 jedoch nur in Experimentserie 2, nicht aber in Serie 1 bezüglich beider Datenbasen gleich verteilt. Dies ist ein Beispiel dafür, daß die Relation „statistisch signifikant gleich verteilt" nicht transitiv ist.

Betrachtet man die echten und hypothetischen Gebote für die Base-Positionen jeweils einer Spielergruppe, so ergibt sich ein differenzierteres Bild. Nur im zweiten Experiment und mit der verkürzten Datenbasis ergibt sich ein „ideales" Ergebnis. In den Ursprungsdaten grenzt die Gruppe der potentiellen Spieler 3 ihre echten Gebote völlig von ihren hypothetischen Geboten ab. Beim Übergang von den Originaldaten des ersten Experimentes zu den verkürzten Daten verbessert sich Spieler 2 von 0 auf 1, Spieler 3 von 1 auf 2 gleiche Verteilungen, Spieler 4 hingegen sinkt von 2 auf 0 Fälle gleicher Verteilungen. Die Nicht-Abgrenzung in den Originaldaten ist eindeutig auf die implausiblen Angaben des Spielers *j* 4 zurückzuführen. Die eigentlich auf eine Verbesserung abzielende Elimination gewisser Daten führt also hier dazu, daß erhoffte Ergebnisse zunichte gemacht werden. Zusammenfassend kann man somit sagen, daß die potentiellen Base-Spieler ihre echten Gebote von ihren hypothetischen unterscheiden. Die Daten aus den Tabellen 4.11 bis 4.14 lassen noch nicht einmal eindeutige Aussagen darüber zu, ob echte Gebote im allgemeinen höher oder niedriger als die hypothetischen angesetzt werden. Daß die echten Gebote allerdings bewußt abgegrenzt werden, wird unterstrichen durch die Tatsache, daß alle potentiellen Base-Spieler in allen Fällen ihre beiden hypothetischen Gebote für die anderen Base-Rollen statistisch signifikant gleich ansetzen.

Würde man allein die Preiserwartungen der verschiedenen Spieler als Indikator für das Erkennen der Symmetrie der Base-Spieler heranziehen, so wäre

Teilnehmer angesprochen werden, so wird dies mittels ihrer Spielernummer (Tabellen 4.5 und 4.6) geschehen.

man frei von allen Sorgen: Bezüglich aller vier Datenmengen können die drei Angaben eines jeden Spielers paarweise als einer gleichen Grundgesamtheit entstammend angesehen werden.

Weniger einheitlich wird das Bild, wenn nach der Abgrenzung der Apex-Rolle von den Positionen als Base-Spieler gefragt wird. Allerdings ist es nur auf den Einfluß implausibler Daten zurückzuführen, daß die echten Gebote der potentiellen Apex-Spieler der gleichen Verteilung entstammen wie ihre hypothetischen Gebote für die Rollen 3 und 4. In den anderen Fällen wird die Apex-Rolle hier abgegrenzt. Dies ist aber bezüglich der Preiserwartungen nicht der Fall. Nur die verkürzte Datenbasis des ersten Experimentes erlaubt die Aussage, daß der Apex-Spieler einen anderen (höheren) Preis für seine Rolle als für die übrigen Rollen erwartet. Bei den anderen drei Datenmengen kann eine Übereinstimmung mit den drei übrigen Preiserwartungen nicht ausgeschlossen werden.

Aus der Sicht der potentiellen Base-Spieler wird die Position als Apex-Spieler unterschiedlich stark von den kleinen Spielern unterschieden. Für die Serie 1 ergibt sich folgendes Bild: Während die potentiellen Spieler 2 nur ihr eigenes echtes Gebot ähnlich hoch bewerteten wie ihr hypothetisches Gebot für die Apex-Rolle, fällt beim potentiellen Spieler 3 die Position als Spieler 2 wegen zu geringer Streuung aus den sonstigen gleichen Verteilungen heraus, was aber beim Übergang zu den modifizierten Daten nicht mehr auftritt. Die potentiellen Spieler 4 unterscheiden nicht zwischen der Apex-Position und den drei Base-Rollen. Beim Übergang zur Serie 2 verbessern sich die Ergebnisse für die potentiellen Spieler 2 und 4 hinsichtlich der Abgrenzung der Apex-Position etwas, obwohl auch hier nicht durchgängig von einer anderen Bewertung dieser Rolle gesprochen werden kann.

Die Ergebnisse für die potentiellen Spieler 3 zeigen für die Ursprungsdaten völlige Abgrenzung, für die modifizierten Daten gleiche Verteilungen für die Apex-Rolle und jede Base-Rolle. Dies spricht allerdings eher für als gegen die Elimination implausibler Daten, denn für die vermeintliche Abgrenzung sind die hypothetischen Gebote von DM 300,– und DM 99,– der Spieler *b* 3 bzw. *i* 3 verantwortlich[22]. Von einer Abgrenzung durch die erwarteten Preise kann in Serie 1 kaum die Rede sein, nur die potentiellen Spieler 4 erwarteten für eine (modifizierte Daten: zwei) Base-Rollen andere Preise als für die Apex-Position. Dieses Bild ändert sich in der zweiten Serie sehr stark. Hier sind es nur die potentiellen Spieler 3, die einer Base-Rolle (modifizierte Datenbasis: zwei) den gleichen Preis wie der Apex-Position zusprechen.

Die potentiellen Base-Spieler neigen dazu, echte Gebote eher höher als hypothetische anzusetzen. Da zudem die Position des Apex-Spielers nicht um so viel höher eingeschätzt wird, wie die Theorielösungen dies nahelegen, kann

22 Schon durch die Streuung, die um die Hälfte größer als der Mittelwert ist, hat kein Test auf gleiche Verteilung mit der Stichprobe 231 ein positives Ergebnis.

es nicht erstaunen, daß im ersten Experiment alle drei echten Gebote für die Base-Rollen, in Serie 2 die echten Gebote für die Rollen 2 und 3 genauso verteilt sind, wie die echten Gebote für die Apex-Position.

Zusammenfassend kann man sagen, daß die Hypothese, die Symmetrie der Base-Spieler werde von den Teilnehmern erkannt, nicht widerlegt wurde, daß allerdings die potentiellen Base-Spieler ihre eigenen echten Gebote von den (jeweils gleich verteilten) hypothetischen unterscheiden. Die „total gleichen Verteilungen" bei den erwarteten Preisen darf nur eingeschränkte Aussagefähigkeit haben, da es sich gezeigt hat, daß die erwarteten Preise durchgängig näher beieinander liegen als die Gebote.

Während die Position des Apex-Spielers in den theoretischen Lösungskonzepten der kooperativen Spieltheorie mit Seitenzahlungen[23] und auch in den Arbeiten, die sich mit den Verhandlungsergebnissen durchgeführter Apex-Spiele befassen, eine eindeutig höhere Auszahlungserwartung begründet, kann dies für die im Rahmen dieser Arbeit erhobenen Daten nur tendenziell bestätigt werden. Zwar sind die Angaben für Apex-Rolle oder -Preis bis auf einen Fall immer die höchsten des jeweiligen Quadrupels, dies ist jedoch statistisch oft nicht signifikant. Das Bewußtsein, etwas Besonderes zu sein, ist allerdings bei den potentiellen Apex-Spielern größer, als die entsprechende Einsicht bei den Base-Spielern.

ad B. Hypothetische versus echte Gebote für die gleichen Positionen

Die hypothetischen Gebotsangaben des Apex-Spielers treffen in zwei (Serie 1 bzw. allen 3 Fällen (Serie 2) die echten Gebote der betreffenden potentiellen Base-Spieler. Durch den Übergang zur modifizierten Datenbasis verschlechtern sich die Ergebnisse je um einen Punkt. Die hypothetischen Gebote der potentiellen Spieler 2 treffen in der ersten Serie nur das echte Gebot des Apex-Spielers, in der zweiten Serie jedoch alle echten Gebote. Es besteht kein Unterschied zwischen den Ergebnissen der Ursprungs- und der modifizierten Datenmengen. Die potentiellen Spieler 3 vermögen 2 bzw. 1 (Serie 1 bzw. 2) der echten Gebote zu treffen, nach Elimination der implausiblen Daten jedoch alle. In der ursprünglichen Datenbasis treffen die potentiellen Spieler 4 mit ihren hypothetischen Geboten kein echtes Gebot der anderen Spieler, in allen anderen Fällen immer zwei der drei echten Gebote.

Somit wäre es übertrieben zu sagen, die hypothetischen Gebote der Teilnehmer träfen die echten Gebote der übrigen Spieler. Eine derartige Aussage

---

23 Für die mengenwertigen Lösungskonzepte kann eine Auszahlungserwartung durch die Annahme einer Wahrscheinlichkeitsverteilung über die möglichen Gewinnkoalitionen definiert werden. Eine nicht zu stringente Wahrscheinlichkeitsverteilung erzeugt dann eine höhere Auszahlungserwartung für den Apex-Spieler gegenüber den Base-Spielern.

kann nur für die Ergebnisse der zweiten Serie bei Betrachtung der modifizierten Daten getroffen werden, wo immerhin von den 12 möglichen gleichen Verteilungen 10 verifiziert werden.

ad C. Das Verhältnis Preise – Gebote

Wenn man die echten Gebote mit den entsprechenden Preiserwartungen einer Spielergruppe vergleicht, so differieren nur die Streuungen der Angaben für die potentiellen Spieler 2 in Experiment 1 so sehr, daß die Hypothese, die Angaben entstammten der gleichen Grundgesamtheit, widerlegt wird. In allen sonstigen Fällen braucht diese Hypothese nicht verworfen zu werden.

Vergleicht man die Erwartungen, die eine Spielergruppe hinsichtlich der Preise für fremde Rollen hat, mit den entsprechenden echten Geboten der Mitspieler in anderen Gruppen, so ergibt sich ein derart uneinheitliches Bild, daß von erkennbaren Zusammenhängen kaum gesprochen werden kann. Die potentiellen Spieler 3 und 4 erwarten in der ersten Serie unter beiden Datenbasen zwar alle drei fremden Preise entsprechend den echten Geboten, diese Quote sinkt in der zweiten Serie aber auf nur zwei gleiche Verteilungen. Die beiden anderen Spieler haben mit ihren Erwartungen in 3 und 0 (Apex-Spieler) bzw. 1 und 0 Fällen (Base-Spieler 2) für die beiden Datenmengen Erfolg. In Serie 2 verbessert sich der Apex-Spieler für beide Datenbasen auf 3, der Base-Spieler auf jeweils 2 den Geboten entsprechende Erwartungen. So ist insgesamt in dem ersten Experiment beim Übergang zu den modifizierten Daten eine Verschlechterung der Ergebnisse zu erkennen, die beim zweiten Experiment nicht mehr auftritt. Hier sind die Ergebnisse insgesamt auch besser. Sie sind jedoch nicht so gut, daß man sagen kann, die Preisangaben, die bei jeder Datenbasis immerhin 1/4 der echten Gebote nicht treffen, könnten die Gebote anderer Spieler für deren eigene Rollen repräsentieren.

Kehrt man die Fragestellung genau um und sucht nach Zusammenhängen zwischen den erwarteten eigenen Preisen einer Spielermenge und den hypothetischen Geboten der anderen Teilnehmergruppen, so ist das Bild noch zerrissener. Unter nur einer Datenbasis tritt nicht die ganze Spannweite der Zahl gleicher Verteilungen (0 bis 3) auf. Daß dies ausgerechnet die Menge der Ursprungsdaten der Serie 1 ist, die in der bisherigen Analyse immer für Ausreißer gut war, unterstreicht noch die Tatsache, daß hier nicht von Zusammenhängen gesprochen werden sollte.

Insgesamt können somit die Preiserwartungen, die die Teilnehmer für fremde Rollen machten, nicht die Erwartung erfüllen, den echten Geboten zu entsprechen. Auch die hypothetischen Gebote entsprechen nicht den Preiserwartungen der Spieler, die für diese Rolle bieten.

ad D. Vergleich der Experimente 1 und 2

Ihre echten Gebote ändern im Zeitablauf nur die potentiellen Spieler 3 und 4. In beiden Fällen sinken die Angaben, verbunden mit einer starken Abnahme der Standardabweichung. Hypothetische Gebote werden verhältnismäßig ebenso oft geändert, jedoch ist auch dies im wesentlichen auf eine Verkleinerung der Abweichungen von den Mittelwerten zurückzuführen. Daß dies wiederum in den implausiblen Daten begründet liegt, zeigt der Übergang zu den modifizierten Daten. Hier zeigen nur die hypothetischen Gebote der potentiellen Spieler 4 für die Apex-Position eine signifikant höhere Bewertung, die ja auch schon bei der Frage nach der Abgrenzung der Apex-Rolle durch die potentiellen Base-Spieler Aufmerksamkeit erregte.

Die potentiellen Spieler 1 und 2 ändern keine Preiserwartungen, die potentiellen Spieler 3 und 4 deren insgesamt 4 (Spieler 3: Preis 1, Spieler 4: Preis 2, 3, 4), wobei nur die Erwartungsänderungen der potentiellen 4. Spieler auch dem Übergang zur anderen Datenbasis standhalten. Entsprechend dem uneinheitlichen Bild, das die Preisangaben bei der bisherigen Analyse zeigten, gehen hier Mittelwerte und Streuungen sowohl nach oben als auch nach unten.

Sieht man die Reproduktion der Theorie – Ergebnisse hinsichtlich der Spielerstruktur (Symmetrie der Base-, Abgrenzung des Apex-Spielers) als erstrebtes Ziel an, so ist eindeutig gezeigt, daß diese Spielerstruktur durch die Daten des zweiten Experimentes besser wiedergegeben wird. Dies heißt allerdings nicht, daß sie sehr gut erkannt wird. Zwar wird die Symmetrie der Base-Spieler allgemein anerkannt, aber da die potentiellen Base-Spieler zum Teil dazu neigen, ihre echten Gebote relativ hoch anzusetzen, wird eine völlige Abgrenzung der Apex-Position von den Base-Rollen nicht erreicht.

Nur in Serie 2 entstammen alle echten Gebote den gleichen Verteilungen wie die zugehörigen erwarteten Preise. Es hat sich allerdings gezeigt, daß die Preise keine große Aussagekraft hinsichtlich des Reproduzierens der Spielerstruktur haben.

ad E. Einfluß der Datenelimination

Es hat sich bei der bisherigen Analyse wohl eindrucksvoll gezeigt, daß der Übergang von den ursprünglichen Daten zu der durch Elimination verkürzten Datenbasis zu vernünftigeren Ergebnissen führt. Dort, wo erhoffte Ergebnisse in den Originaldaten durch den Übergang zerstört wurden, konnte gesehen werden, daß die scheinbar guten Ergebnisse durch einzelne völlig irreal erscheinende Angaben produziert wurden.

Folgerungen und Konsequenzen

Man kann davon ausgehen, daß die Symmetrie der Base-Spieler von den Teilnehmern erkannt wurde. Die Position des Apex-Spielers wird allerdings nicht in dem Maße von den übrigen Rollen abgegrenzt, wie dies von der Theorie her hätte erwartet werden können. Die erwarteten Preise können bei weiteren Analysen nur herangezogen werden, wenn man sich jeweils auf die erwarteten Preise für die eigenen Rollen beschränkt. Die anderen Angaben bieten doch ein zu uneinheitliches Bild. Auch den hypothetischen Geboten kann nicht der gleiche Stellenwert zugewiesen werden wie den echten Geboten, jedoch eignen sie sich besser als die Preisangaben, um Aussagen für die echten Gebote zu unterstreichen oder zu widerlegen[24].

Die Testergebnisse und die fast durchweg gesunkenen Streuungsmaße lassen den Schluß zu, daß das Experiment von den teilnehmenden Spielern im zweiten Durchgang besser verstanden wurde. Im zweiten Durchgang ging es zudem um den vollen Betrag von DM 100,– mit entsprechend höheren Verlustrisiken. Auch dies mag die Teilnehmer zu vorsichtigerem Handeln veranlaßt haben, was ebenfalls die gesunkenen Streuungsmaße erklären könnte.

Der Übergang zur verkürzten Datenbasis bescherte fast durchweg plausiblere Ergebnisse, auch wenn diese nicht immer theoriekonform waren. Dies läßt es gerechtfertigt erscheinen, in folgenden Analysen, vor allem auf die modifizierten Daten[25] und deren die Verteilung kennzeichnende Maße[26] des zweiten Experimentes zurückzugreifen. Dies soll für die folgende Analyse der Datengrundstock sein.

4.3.5. Zusammenfassung der Resultate

Die durchgeführten Experimente können in drei Phasen unterteilt werden:

1. Überprüfung des optimalen Verhaltens in der Vickrey-Auktion.
2. Versteigerung der Rollen des Apex-Spiels per Zweithöchstpreisauktion.
3. Durchführung der Verhandlung im Rahmen des Apex-Spiels.

Die Experimente wurden zweimal nacheinander mit den gleichen Teilnehmern durchgeführt.

Die gefundenen Ergebnisse lassen sich in Form der folgenden Aussagen zusammenfassen.

---

[24] Hier sei z.B. an das Widerspiegeln der Spielerstruktur, insbesondere an die Symmetrie der Base-Rollen in den hypothetischen Geboten der Apex-Spieler gedacht.

[25] Das sind die nicht mit einem „+" gekennzeichneten Angaben der Tabelle 4.6.

[26] Hierbei handelt es sich um die Werte der Tabelle 4.14.

ad 1.

Die Erklärung des optimalen Verhaltens der Bieter in einer Vickrey-Auktion bewirkt, daß die Gebote der Spieler im Durchschnitt näher am vorgegebenen Wiederverkaufswert liegen und vor allem geringer streuen. Man kann davon ausgehen, daß diese Spieler in einer reinen Zweithöchstpreisauktion ihre wahren Wertvorstellungen offenbaren.

ad 2.

a) Die Teilnehmer erkennen durchweg die Austauschbarkeit der Base-Rollen.

b) Die Rolle des Apex-Spielers wird weniger hoch eingeschätzt als von der Theorie her erwartet.

c) Die weichen Daten haben nicht die gleiche Relevanz wie die echten Gebote.

d) Die Elimination implausibler Daten bringt zwar Vorteile, aber dies reicht nicht aus, die weichen Daten genügend zu verbessern.

e) Die Daten des zweiten Experimentes erwiesen sich insgesamt als einheitlicher, weshalb in den weiteren Überlegungen den echten Geboten der zweiten Serie Vorrang eingeräumt werden soll.

ad 3.

In beiden Verhandlungen erwies sich eine 2-Personen-Koalition mit einer 60 : 40-Aufteilung zugunsten des Apex als stabil. Die These, daß die Base-Spieler mit den geringsten Eintrittskosten (Rollenpreisen) am erfolgreichsten sind, bedarf der näheren Überprüfung.

4.4. Experimentergebnisse und Anspruchsniveaus

Unter Anspruchsniveau soll verstanden werden, daß die Spieler eine Vorstellung über einen minimalen Gewinn haben, den sie im Verlauf des Spiels machen wollen. Man kann annehmen, daß die Spieler sich eine Meinung über ihre Auszahlungserwartung bilden, für den Fall, daß sie an der Verhandlung teilnehmen. Sicherlich gibt es dann Spieler, die noch höher bieten, als es ihnen diese Auszahlungserwartung vorschreiben würde, in der Absicht, auch angesichts drohender Verluste an der Verhandlung teilzunehmen. Diesen Teilnehmern stehen solche gegenüber, die von ihrer Auszahlungserwartung einen mehr oder minder großen Abschlag machen, der ihren Mindestgewinnanspruch repräsentiert.

Dieser Risikozu- bzw. Gewinnabschlag dürfen nicht so mißverstanden werden, als seien sie gegen den Mechanismus der Vickrey-Auktion und das optimale Verhalten hierin gerichtet. Die dominante Strategie in der Zweithöchstpreisauktion schreibt dem Bieter vor, seine wahre Wertvorstellung auch zu bieten.

Dieser Wert muß aber nicht die monetäre Auszahlungserwartung sein, sondern kann auch der Rollenpreis sein, bei dem der Nutzenzuwachs, der dem Individuum durch Besitz des zu Versteigernden entsteht (hier der Position im Apex-Spiel), gerade Null wird.

Eine solche Bewertung der Auszahlungsfunktion braucht natürlich nicht ausschließlich durch den Gewinn oder Verlust eines marginalen Geldbetrages beeinflußt zu sein, sondern kann durchaus auch Risikoscheu oder -freude berücksichtigen[27].

Können nun allein aufgrund der durch das Experiment erhobenen Daten und den Ergebnissen der statistischen Analyse Erkenntnisse darüber gewonnen werden, ob und in welcher Höhe die Spieler Vorstellungen über Mindestgewinne haben, und eventuell sogar Hinweise über das Risikoverhalten der Teilnehmer?

Wegen der Ergebnisse der statistischen Analyse, insbesondere der Resultate der Tests auf gleiche Verteilung, sollen die Überlegungen an dieser Stelle auf die Durchschnitte der echten Gebote in Serie 2[28] beschränkt sein. Hier ist also das durchschnittliche echte Gebot der potentiellen Apex-Spieler von 23,355 DM maßgebend. Als Durchschnitt für die echten Gebote aller potentiellen Base-Spieler errechnet man 14,846 DM.

Wie schon in Abschnitt 4.1 dargelegt, sollen zum Erkennen von Anspruchsniveaus zwei Größen zueinander in Beziehung gesetzt werden. Neben den echten Geboten hierzu die erwarteten Preise heranzuziehen, ist nach den Erkenntnissen der statistischen Analyse nicht vorteilhaft. Denn zum ersten hat es sich gezeigt, daß die sog. weichen Daten (hypothetische Gebote, erwartete Preise) nicht genügend Aussagekraft haben, und zum anderen haben die von den Spielern für ihre echten Rollen erwarteten Preise statistisch den gleichen Mittelwert wie die echten Gebote selbst. Zum Dritten ließen Vergleiche aus den Gebots-Preis-Angaben eher Aussagen über die Risikobereitschaft der Spieler zu als über ihren Gewinnanspruch.

Wenn man somit davon ausgeht, daß die Teilnehmer bereit sind, ihre Gebote auch als Rollenpreise zu zahlen, dann soll ein anderer (höherer) Maßstab ge-

---

[27] Risikoscheu oder -freude werden im allgemeinen durch konkaven bzw. konvexen Verlauf der Risikopräferenzfunktion ausgedrückt. Es sei hier daran erinnert, daß die Lösungen der kooperativen Spieltheorie mit Seitenzahlungen auf der Linearität des Nutzens in Geldeinheiten beruhten und keine Risikoüberlegungen einbezogen. (Zur Risikopräferenzfunktion vgl. auch Krelle, W.: Preistheorie, Tübingen 1976, S. 92.)

[28] Tabelle 4.12 bzw. 4.14. Die Elimination implausibler Daten greift hier nicht.

sucht werden, mit dem man die Gebote vergleichen und dann Aussagen über Anspruchsniveaus treffen kann.

Wenn man der Überzeugung ist, die Gebote der Spieler seien durch Mindestgewinnansprüche und Risikoüberlegungen so beeinflußt, daß sie niedriger liegen, als die Teilnehmer an Auszahlung erwarten, dann sollte man versuchen, diese Auszahlungserwartung als Vergleichsmaßstab heranzuziehen. Für einen Auktionsgewinner besteht dieser Erwartungswert im wesentlichen aus zwei anderen Erwartungsgrößen: der Gewinnkoalition und seiner eigenen Auszahlung hierin (falls er Mitglied ist).

Die von den Teilnehmern erkannte Symmetrie der Base-Spieler und die nur wenig höhere Einschätzung der Apex-Position könnten zu dem Schluß verführen, daß die Spieler eine Koalition der Base-Spieler unter Ausschluß des Apex für sehr wahrscheinlich halten[29]. Es ist aber auch möglich, daß die relativ geringe Bewertung der Apex-Position auf einen höheren Mindestgewinnanspruch der betreffenden Teilnehmer zurückzuführen ist, der zum Beispiel in einem höheren Verlustrisiko begründet sein könnte. Ebensogut könnte für die betreffenden Spieler ein nicht-linearer Verlauf der Nutzenfunktion oder Risikoscheu in diesem Bereich dafür ausschlaggebend sein, für die Apex-Rolle verhältnismäßig weniger zu bieten. Von daher kann also nicht begründet werden, die Koalition der Base-Spieler für die wahrscheinlichste anzusehen.

Basiert man die Verhaltenserwartungen auf dem vorliegenden Datenmaterial, so muß es für jeden der drei Base-Spieler erstrebenswert sein, allein eine Koalition mit dem Apex einzugehen. In einer solchen Konstellation wäre nämlich für diese beiden Teilnehmer der über die Eintrittskosten hinaus zur Verfügung stehende Gewinn am größten. Eine solche Überlegung bedarf allerdings als Voraussetzung einer Vorstellung darüber, wie die Auszahlungsaufteilung in einer solchen Gewinnkoalition aussähe. Und wiederum stellt sich die Frage, ob Risikoscheu oder -freude, gleich oder verschieden hohe Mindestgewinnansprüche anzunehmen sind.

Man sieht, daß Aussagen über erwartete stabile Gewinnkoalitionen aus dem vorliegenden Datenmaterial und ohne einschränkende Annahmen kaum möglich sind.

Ebenso hat man kaum Anhaltspunkte dafür, wie die Auszahlungsaufteilung in einer stabilen Gewinnkoalition von den Spielern gesehen wird. Legitim erscheint zwar die Annahme, daß die Symmetrie der Base-Spieler auch bei den Mitgliedern einer Gewinnkoalition angenommen wird. Aber schon die Erwartungen der Teilnehmer über die Verhandlungsergebnisse für Apex- und Base-Spieler in einer Gewinnkoalition sind keiner direkten Analyse zugänglich.

---

29 Vorausgesetzt, die Position des Apex wird in einer 2-Personen-Koalition ähnlich hoch eingeschätzt, wie die theoretischen Lösungskonzepte dies tun.

Um Erwartungen bzgl. der Gewinnkoalitionen und Auszahlungsaufteilungen zu finden, könnte man einen Ansatz in Form eines Gleichungssystems wählen. Hierzu könnte man als Ansatz die (zugegeben schon sehr restriktive) Annahme machen, die Spieler hätten ihre Gebote so bestimmt, daß ihre Auszahlungserwartungen für alle Gewinnkoalitionstypen gleich sind oder in einem bekannten festen Verhältnis zueinander stehen. Um die Zahl der Variablen klein zu halten, sollte man weiter annehmen, daß alle Teilnehmer ihren Überlegungen die gleichen Erwartungen zugrundelegen. Es sei an dieser Stelle darauf verzichtet, das resultierende Gleichungssystem aufzuschreiben. Man überlegt sich nämlich leicht, daß es auch unter den doch schon sehr einschneidenden Annahmen nicht gelingt, ebenso viele Gleichungen wie Unbekannte zu finden[30]. Weiter einschränkende Annahmen müßten sich direkt auf die gesuchten Werte beziehen. Daher erscheint auch dieser Ansatz wenig sinnvoll.

Es muß so der Versuch scheitern, allein aufgrund des Datenmaterials Feststellungen über erwartete Gewinnkoalitionen und Auszahlungsaufteilungen und damit über Mindestgewinnansprüche zu treffen.

An dieser Stelle stellt sich wohl automatisch die Frage, warum diese fehlenden Daten nicht direkt erhoben wurden.

In Abschnitt 4.2.1 wurde bereits auf die Problematik, nach den stabilen Gewinnkoalitionen zu fragen, eingegangen. Die statistische Analyse in Abschnitt 4.3.4 hat die wenig ausreichende Brauchbarkeit der Datenangaben erbracht, die als hypothetische Gebote und erwartete Preise unmittelbar mit dem relevanten, echten Gebot zusammenhingen. Es erscheint legitim, die Aussagekraft von Angaben stark zu bezweifeln, die in der Analyse der Situation, in der sich ein Teilnehmer befindet, von der einzig echten Entscheidung noch mindestens einen Schritt weiter entfernt sind, als die für die eigene Rolle erwarteten Preise.

Man könnte diese Daten dennoch erheben und sie von den anderen weichen Daten dadurch abgrenzen, daß diese als Vorhersage der tatsächlichen Verhandlungsergebnisse interpretiert werden würden. Für die (z.B. nach der euklidischen Norm) beste Vorhersage könnte man einen Geldgewinn aussetzen, der allerdings in Anbetracht der mehr als 50 Teilnehmer schon angemessen hoch sein muß, um einen wirklichen Anreiz zu bieten. Wie Pilotstudien gezeigt haben, müssen die Verhandlungsteilnehmer aus der Wertung dieser Vorhersage natürlich ausgenommen werden, da sonst die Möglichkeit besteht, daß die Verhandelnden die Verhandlung so zu beeinflussen suchen, daß ihre Vorhersage

[30] Den 11 Unbekannten (4 Wahrscheinlichkeiten für das Auftreten der verschiedenen Gewinnkoalitionstypen, 3 verschiedene Auszahlungen für den Apex-Spieler, 4 für die Base-Spieler) stehen 3 Gleichungen für die Erwartungen der Base-Spieler, deren 2 für die des Apex-Spielers, 4 Gleichungen, die die Aufteilungen in den Gewinnkoalitionen widerspiegeln, und eine für die Wahrscheinlichkeiten gegenüber.

eintrifft und sie diesen Gewinn zusätzlich einstreichen. Es besteht sogar die Gefahr, daß mit diesem Gewinn argumentiert wird. Schließt man andererseits die Verhandelnden von der Wertung aus, so ist, wie man leicht errechnet, zu befürchten, daß Teilnehmer ihre Gebote niedriger setzen und das Risiko, Verluste in der Verhandlung zu erleiden, umgehen und dabei ihre gesamte Auszahlungserwartung maximieren. Auf jeden Fall beeinflussen solche Vorhersagewettbewerbe auch die übrigen Daten. Daher können sie nicht benutzt werden, aus weichen Daten harte zu machen.

Somit scheidet die Möglichkeit aus, die gewünschten Daten direkt zu erheben. Da auch aus den vorhandenen Angaben und Berechnungen keine Rückschlüsse über Anspruchsniveaus gezogen werden können, endet auch dieser Versuch sehr unbefriedigend.

5. A priori-Bewertungen versus Theorie und tatsächliches Verhalten

5.1. Der Zusammenhang mit den Albers-Experimenten

Um die Ergebnisse der a priori-Bewertungen der Rollen im Apex-Spiel, wie sie im vorigen Abschnitt ausführlich dargelegt wurden, mit den Resultaten tatsächlich durchgeführter Verhandlungen zu vergleichen, soll auf die in Abschnitt 3.3 angesprochenen Experimente von Selten / Schuster und Albers zurückgegriffen werden. Wegen der gleichen Spielerzahl ist es naheliegend, sich auf die beiden entsprechenden Versuche von Albers zu beschränken[1]. Die von Albers gefundenen Auszahlungsaufteilungen sind auf das Intervall von 0 bis 1 normiert. Daher sollen auch die Gebote bzw. deren Durchschnitte so normiert werden, um die Vergleichbarkeit zu gewährleisten. Diese Vorgehensweise ist natürlich nur erlaubt, falls der Nutzen des Geldes für die Teilnehmer nur bis auf positiv lineare Transformation eindeutig bestimmt ist. Dies sei hier unterstellt.

Die Auszahlungsaufteilung der Gewinnkoalition, die sich nach Rollenversteigerung und Verhandlung stabilisierte, trat auch in den Albers-Experimenten bei 32 Ergebnissen 7 mal auf und markierte hier kein extremes Ergebnis, da sowohl andere Koalitionen auftraten, als auch die Auszahlung des Apex in den 2-Personen-Koalitionen höhere und auch niedrigere Werte annahm. Von daher fallen also die Verhandlungsergebnisse der hier vorgestellten Experimente durchaus nicht aus dem Rahmen.

Will man Vergleiche ziehen zwischen den im Rahmen der Zweithöchstpreisauktion gemachten Geboten für die einzelnen Positionen und den von Albers gefundenen Verhandlungsergebnissen, so erscheint es weder sinnvoll, hierzu einzelne Auszahlungsaufteilungen heranzuziehen, noch hat es Zweck, auf einzelne Gebotsangaben zurückzugreifen. Die einzelnen Verhandlungsergebnisse sind zu mannigfaltig und die Gebote streuen zu sehr. Vereinzelt auftretende Übereinstimmungen sind da gar nicht auszuschließen, haben aber keine große Aussagekraft.

Es erscheint eher sinnvoll, jeweils auf die Durchschnitte zurückzugreifen. Dabei soll auf die Daten des zweiten Experiments abgestellt werden, wobei die drei Mittelwerte der echten Gebote der potentiellen Base-Spieler nochmals

[1] Vgl. hierzu Abschnitt 3.3.3 und 3.3.4 sowie die Tabellen 3.4 und 3.5.

gemittelt werden sollen. Als Vergleichsmaßstab ist es dann naheliegend, auf die a priori-Auszahlungserwartungen der Spielertypen zurückzugreifen, wie sie in Tabelle 3.7 aufgelistet sind. Beides ist in der folgenden Tabelle 5.1 noch einmal zusammengefaßt, normiert auf den Bereich von 0 bis 1.

Tabelle 5.1

Auszahlungserwartungen und Durchschnittsgebote

	Apex-Position	Base-Position
a priori-Auszahlungserwartung	0,3594	0,2135
Durchschnitte der Gebote	0,2336	0,1485
Differenz	0,1258	0,065

Grob gesprochen ist die Auszahlungserwartung für beide Positionen rund 1,5 mal so groß wie die Gebote, die die Teilnehmer für diese Rollen machen. Die Base-Spieler bieten 69,6 %, die Apex-Spieler 64,9 % der Auszahlungserwartungen gemäß den Albers-Experimenten. Legt man also bei den Teilnehmern der hier vorgestellten Experimente diese Auszahlungserwartungen zugrunde, so können die Vergleiche als eine gewisse Risikoscheu interpretiert werden. Andererseits kann man auch argumentieren, daß die potentiellen Apex-Spieler aufgrund ihres höheren Einsatzes auch einen höheren Mindestgewinnanspruch haben. Dieser ergäbe sich dann als Differenz zwischen Auszahlungserwartung und Gebot und ist nicht nur absolut, sondern auch relativ höher als die Vorstellung über einen Mindestgewinn, den die Base-Spieler haben. Bei diesem Ansatz wird dann allerdings Risikoneutralität vorausgesetzt.

Bevor diese Überlegung näher präzisiert wird, soll zunächst versucht werden, die Annahme, man könne die Ergebnisse von Albers als Erwartungen der Teilnehmer sehen, näher zu begründen.

In beiden Experimenten wirkten Studenten mit, die mit solchen Versuchen und deren spieltheoretischen Beschreibungen und Lösungen nicht vertraut waren. Motiviert waren die Spieler allein durch die Geldauszahlungen. Die Ergebnisse der beiden Verhandlungen, die an die Versteigerungen anschlossen, lagen voll im Trend der Albers-Ergebnisse. Vor den Geboten zur zweiten Runde kannten die Teilnehmer das im obigen Sinne durchschnittliche Ergebnis der ersten Runde. All dies beweist natürlich nicht, daß die bietenden Spieler nach Vorstellungen handelten, die denen der anderen Experimente entsprachen. Aber es deutet doch zumindest darauf hin. Auf der anderen Seite findet man kein Indiz dafür, daß die Teilnehmer im Schnitt über immerhin mehr als 50 Individuen gänzlich anderen Vorstellungen nachhingen.

Bei den folgenden Überlegungen zu den Anspruchsniveaus der Teilnehmer soll also von folgenden zwei Annahmen ausgegangen werden:

1. Die Auszahlungserwartungen der Teilnehmer entsprechen den a priori-Auszahlungserwartungen, die man aus den Experimenten von Albers destilliert.
2. Die Differenz zwischen den durchschnittlichen Geboten und den durchschnittlichen Auszahlungserwartungen ist auf Mindestgewinnansprüche der Teilnehmer zurückzuführen.

Der Mindestgewinnanspruch soll dabei als Differenz zwischen der Auszahlungserwartung und dem Gebot definiert werden. Ferner soll der Mindestgewinnanspruch in Abhängigkeit von der Auszahlungserwartung betrachtet werden.

Sei im folgenden

x = Auszahlungserwartung, $x \in [0,1]$

$y = f(x)$ Mindestgewinnanspruch als Funktion von x.
(Man beachte, daß $x - y$ dann das Gebot ist.)

Durch die beiden Punkte

$$(x_1, y_1) = (0{,}2135,\ 0{,}065)$$

$$(x_2, y_2) = (0{,}3594,\ 0{,}1258) \qquad \text{(siehe Tabelle 5.1)}$$

verläuft dann die Gerade

$$f_1\,(x) = 0{,}4167\,x - 0{,}024$$

Mindestgewinnanspruch als lineare Funktion der Gewinnerwartung kann jedoch nicht voll befriedigen. Für eingeschränkte Bereiche mag dies annehmbar sein, generell aber liegt es näher, zumindest von einer bestimmten Höhe der Auszahlungserwartung ein unterproportionales Ansteigen der Funktion zu erwarten. Obwohl dieser Bereich für die obigen Punkte offenbar noch nicht erreicht wurde, soll ein Weg aufgezeigt werden, eine solche Funktion zu bestimmen.

Für $a < 0{,}2135$ kann man annehmen, daß die Spieler bei der Auszahlungserwartung a keinen Mindestgewinnanspruch haben; das heißt, a ist positiv. Wäre a negativ, so ist das als Verlangen der Teilnehmer zu interpretieren, auch bei Auszahlungserwartung Null sozusagen eine Belohnung für die Teilnahme an der Verhandlung zu erhalten. Da die Mitspieler jedoch wußten, daß für sie auch tatsächliche Verluste im Bereich des Möglichen lagen, ist es berechtigt anzunehmen, daß a nicht negativ ist.

Nimmt man folglich an, die Mindestgewinnanspruchsfunktion f_2 geht durch den Punkt $(x_o, y_o) = (a, 0)$, so kann man nach dem Verfahren von Newton ein Polynom zweiten Grades durch die drei Punkte legen und erhält so den Mindestgewinnanspruch als Funktion von x und dem Schwellenwert a:

$$f_2(x) = Ax^2 + (B - (0{,}2135 + a)A)x - (B - 0{,}2135\,A)a$$

wobei
$$A = \frac{0{,}0035 - 0{,}0608\,a}{0{,}0112 - 0{,}0836\,a + 0{,}1459\,a^2}$$

$$B = \frac{0{,}065}{0{,}2135 - a}$$

und
$$x \geqslant a.$$[2]

Diese Funktion ist für verschiedene Werte von a mit äußerster Vorsicht zu betrachten.

Man errechnet leicht, daß $f_2 = f_1$ für $a = 0{,}0576 = a_1$ gilt.

Ebenso sieht man, daß für $a < a_1$ die Kurve konkav, für $a > a_1$ konvex wird[3].

Als quadratische Funktion besitzt f_2 genau ein Extremum x^*, für das gilt:

$$x^* \angle a \Leftrightarrow a \angle a_1$$

$$x^* > a \Leftrightarrow a > a_1$$

Im ersten Fall ist x^* Minimum, im zweiten Fall Maximum.

Da nicht erklärbar ist, daß der Mindestgewinnanspruch überproportional zur erwarteten Auszahlung wächst, kann man sich bei der Analyse auf konvexe Kurvenverläufe beschränken. Setzt man voraus, daß der Mindestgewinnanspruch bei steigender Auszahlungserwartung absolut nie fällt, und glaubt man an die Relevanz der Funktion f_2 über den gesamten Definitionsbereich $[a, 1]$, so sind diese beiden Forderungen nur für

$$a \leq 0{,}0746$$

2 Da einerseits f_2 über das gesamte Einheitsintervall definiert sein soll und andererseits hierin negative Funktionswerte nicht erklärbar wären, soll $f_2(x) = 0$ für $x \in [0, a]$ angenommen werden.

3 Eine Funktion f heißt im Intervall $[a, b]$ konvex, falls für alle $x, \in [a, b]$ und für alle $\alpha \in [0, 1]$ gilt:

$$f(\alpha x + (1 - \alpha)y) \geqslant \alpha f(x) + (1 - \alpha) f(y).$$

(Man beachte, daß die Begriffe „konkav" und „konvex" nicht in allen Lehrbüchern gleich definiert sind!)

erfüllt, da für $a = 0{,}0746$ in $x^* = 1$ mit $f_2(1) = 0{,}3025$ das Maximum angenommen wird.

Man kann jedoch diese beiden Forderungen an f_2 einschränken. Setzt man weiterhin voraus, daß ein Mindestgewinnanspruch nie absolut fällt, dann kann man den Aussagebereich von f_2 beschränken exakt bis zu der Auszahlungserwartung x, ab der $f_2(x)$ wieder sinkt. Siedelt man diesen Bereich außerhalb des Stützstellenbereiches an, so findet man, daß

$$a \angle 0{,}1491$$

gelten muß, da für $a = 0{,}1491$ die Funktion f_2 in $x_2 = 0{,}3594$ ihr Maximum annimmt.

Für steigende Auszahlungserwartungen könnte man die Ansicht vertreten, daß gerade wegen dieser wachsenden erwarteten Auszahlung der Mindestgewinnanspruch auch absolut sinkt. Dies würde für $a < 0{,}1491$ die Aussagefähigkeit der Funktion f_2 für gegen 1 wachsendes x erhöhen. Für $a > 0{,}1491$ würde dies bedeuten, daß das Maximum des Mindestgewinnanspruchs zwischen den Stützstellen (x_1, y_1) und (x_2, y_2) erreicht wird. Für

$$a = 0{,}2025$$

tritt allerdings der zugegebenermaßen vollkommene unrealistische Fall ein, daß für $x = 0{,}2787$ gilt:

$$f(x) = x\,.$$

Eine Auszahlungserwartung von $x = 1$ bedeutet in dem hier diskutierten Rahmen, daß das betreffende Subjekt mit Sicherheit den gesamten in der Verhandlung aufzuteilenden Geldbetrag für sich erwartet. Daher könnte ein positiver Mindestgewinnanspruch für einen solchen Teilnehmer sinnlos sein. Nimmt man die Gültigkeit der Funktion f_2 in diesem Bereich an, so kann man ausrechnen, daß für

$$a = 0{,}1077$$

$$f_2(1) = 0$$

gilt.

Da für größere Werte von a der Funktionswert $f_2(1)$ negativ wird, wäre es sinnvoll, die Funktion f_2 für alle $x > a$ und $x > x_o$ mit $f(x_o) = 0$ umzudefinieren in die konstante Funktion mit dem Wert 0.

So vernünftig dies auch klingt, bedeutet es doch aber auch, daß ein Bieter mit einer solch hohen Auszahlungserwartung sein Gebot eben genauso hoch ansetzt. Dies birgt natürlich das Risiko, einen ähnlich oder gleich hohen Preis für die Rolle zahlen zu müssen, was für einen solchen Spieler eine Gesamtauszahlung in dem Experiment von 0 bedeuten würde.

Eindrucksvoll ist auf jeden Fall, die unterschiedlichen Erklärungsansätze für Mindestgewinnansprüche und die zum Teil extrem differierenden Kurvenverläufe zu sehen, die sich aus den vier Daten und der Variation des Schwellenwertes a ergeben. Leider können aus den im Rahmen dieser Arbeit dargestellten Experimenten nicht mehr Daten zur Exploration der Anspruchniveaus herangezogen werden. Wollte man die einzelnen Daten aus den Vorab-Bewertungen mit den durchschnittlichen Auszahlungserwartungen vergleichen, so scheitert man schon am Begriff der Funktion (Eindeutigkeit). Das paarweise Zuordnen einzelner a priori-Bewertungen zu einzelnen Verhandlungsergebnissen bei Albers leidet an mangelnder Erklärbarkeit jeder gewählten Zuordnung. Auch mit einer empirisch gefundenen Größe von a können diese Experimente nicht dienen. Aber immerhin sind Analyse- und Ergebnismöglichkeiten und -varianten aufgezeigt und die Richtung weiterer Forschungsarbeit gewiesen worden.

Aber man kann sich auch auf den Standpunkt stellen: „Mindestgewinnanspruch gibt es nicht, das Unterbieten der monetären Auszahlungserwartungen ist ausschließlich auf risikoscheues Verhalten der Teilnehmer zurückzuführen."

Nimmt man dies als Voraussetzung[4], so könnte man die Bewertungsfunktion der Teilnehmer durch die quadratische Funktion f_3 repräsentieren, die durch die Punkte

$$(x_o, y_o) = (0,\ 0)$$

$$(x_1, y_2) = (0{,}2135,\ 0{,}1485)$$

$$(x_2, y_2) = (0{,}3594,\ 0{,}2336) \qquad \text{(vgl. Tabelle 5.1)}$$

geht. Man findet

$$f_3\,(x) = x\,(0{,}7622 - 0{,}3124\,x) \quad \text{für} \quad x \in [0{,}1].$$

Hier werden den Auszahlungserwartungen die Gebote zugeordnet. Man sieht sofort, daß f_3 eine konvexe Funktion ist, die ihr Maximum im Bereich $x > 1$ annimmt.

Risikoneutralität wird hier durch $f(x) = x$ wiedergegeben, und da

$$x - f_3\,(x) > 0 \quad \text{für alle} \quad x > 0$$

folgt, daß die Spieler mit einer Bewertungsfunktion gemäß f_3 als risikoscheu anzusehen sind. Für eine Auszahlungserwartung von 1 würde ein Gebot von 0,4509 resultieren.

---

4 Man muß dann natürlich von der direkten Vergleichbarkeit der Verhandlungsergebnisse bei Albers mit den hier erhobenen Gebotsdaten ausgehen.

Ein anderer Ansatz, der die Gebote als Funktion der Auszahlungserwartung ansetzt und auf parameterarme Vorgehensweise Wert legt, könnte von folgenden Annahmen ausgehen:

1. Bei einer Auszahlungserwartung von Null sei auch das Gebot Null, da ein positives Bieten nur Verlust bringen könnte.
2. Jede positive Auszahlungserwartung hat auch positives Bieten zur Folge.
3. Da eine Auszahlungserwartung von 1 die Sicherheit des Teilnehmers, den vollen Betrag zu erhalten, wiedergibt, resultiert hier ein Gebot von 1. (Man beachte die Eigenschaften der Vickrey-Auktion und das Akzeptieren des optimalen Verhaltens hierin durch die Subjekte.)

Dann kann man eine Funktion f_4 der Form

$$f_4(x) = x^c$$

suchen, die sich möglichst gut den durch die Experimente gegebenen Punkten

$$(x_1, y_1) = (0.2135,\ 0.1485)$$

$$(x_2, y_2) = (0.3594,\ 0.2336) \qquad \text{(vgl. Tabelle 5.1)}$$

annähert.

Es handelt sich somit um ein Optimierungsproblem. Es gilt, das c^* zu finden, mit dem

$$f_5(c) = (0.2135^c - 0.1485)^2 + (0.3594^c - 0.2336)^2$$

minimal wird.

Eine Nullstelle der ersten Ableitung von f_5 nach c

$$f_5'(c) = (0{,}2135^c - 0.1485)\, 0.2135^c\, ln\, 0.2135$$
$$+ (0.3594^c - 0.2336)\, 0.3594^c\, ln\, 0.3594$$

läßt sich numerisch berechnen und man erhält

$$c^* = 1.3489$$

Mit diesem c^* errechnet man im übrigen

$$f_4(x_1) < y_1 \quad \text{und}$$

$$f_4(x_2) > y_2 \ .$$

f_4 ist konkav und verläuft immer unterhalb der Identität $f(x) = x$.

Dies deutet wieder darauf hin, daß man von Risikoscheu oder Mindestgewinnansprüchen oder beidem bei den Teilnehmern ausgehen kann.

Aus den vorliegenden Daten läßt sich nicht gleichzeitig eine Aussage über die zugrundeliegende Risikobereitschaft und über die Anspruchniveaus der Teilnehmer extrahieren. Dies könnte durch weitere gleichartige Experimente geschehen. Vorab-Bewertungen von Positionen in anderen Spielen durch vergleichbare Teilnehmergruppen mit Auszahlungen im gleichen Größenbereich könnten eine Bestimmung des Risikoverhaltens, der Anspruchsniveaus und auch des Schwellenwertes a in f_3 erlauben. Dies muß durch weitere Experimente überprüft werden.

5.2. Vorab-Bewertungen und Theorielösungen

Wenn man unterstellt, daß die Gebote, wie im vorigen Abschnitt beschrieben, durch Mindestgewinnansprüche der Teilnehmer und durch Risikoüberlegungen beeinflußt sind, kann man gar nicht erwarten, daß diese Gebote mit einem oder mehreren der Lösungskonzepte, wie sie in Abschnitt 2.3 vorgestellt und in Tabelle 2.1 zusammengefaßt wurden, korrelieren. Dennoch sollen im folgenden einige Überlegungen angestellt werden.

Zunächst sollen die durchschnittlichen Gebote für die Apex-Rolle bzw. die Positionen der Base-Spieler betrachtet werden, wie sie auch in Abschnitt 5.1 herangezogen wurden. Das durchschnittliche echte Gebot für die Apex-Rolle (0,2336) verhält sich zu dem Mittel der durchschnittlichen echten Gebote für die Base-Positionen (0,1485) fast genau wie 60 : 40, der Auszahlungsaufteilung wie sie in beiden an die Auktionen anschließenden Verhandlungen erzielt wurde. Dies könnte auf Risikoneutralität und in Relation zur Auszahlungserwartung konstante Mindestgewinnansprüche hinweisen. Unterstellt man dies, sowie eine Erwartung der 2-Personen-Koalitionen, so würden die Verhandlungsmengenkonzepte und die equal share analysis bestätigt. Daß zudem die echten Gebote für die Base-Positionen statistisch signifikant gleich groß sind, verstärkt diesen Eindruck noch.

Betrachtet man alle vier Durchschnittsgebote in ihrer Relation zueinander, so erkennt man, daß diese Relationen von den Wertfunktionen am ehesten durch den Nucleolus wiedergegeben werden. Immerhin liegt das mittlere Gebot für die Apex-Position um 85 % über dem für die Rolle 3, während der Nucleolus dieses Verhältnis mit 2 : 1, die beiden anderen Wertfunktionen aber mit 3 : 1 ansetzen.

In ihren Relationen zueinander erzeugen die mittleren Gebote hinsichtlich ihrer Übereinstimmung mit den theoretischen Lösungskonzepten somit eine gewisse Ähnlichkeit mit den Ergebnissen des Abschnittes 3.3.5, wo der Vergleich der Lösungskonzepte mit den Verhandlungsergebnissen aus den Experimenten von Selten / Schuster und Albers ebenfalls die Verhandlungsmengen einerseits und den Nucleolus andererseits als „Testsieger" hervorbrachten.

Die Annahme, daß die Teilnehmer solche Relationen auch als Verhandlungsergebnis erwarten, basiert allerdings auf der angenommenen Risikoneutralität der Teilnehmer und darauf, daß sie einen Mindestgewinnanspruch haben, der in einem festen Verhältnis zur erwarteten Auszahlung steht.

Obwohl in Abschnitt 4.3.4.3 nachgewiesen wurde, daß die weichen Daten nicht die gleiche Relevanz haben wie die echten Gebote als harte Angaben, soll noch auf einige Übereinstimmungen der Gebotsvektoren einzelner Spieler mit den Lösungskonzepten eingegangen werden.

In jedem Durchgang gibt es genau 5 Teilnehmer, deren vier Gebotsangaben sich zu 100 addieren. Jeweils zwei Spieler machen keine gleichen Angaben für die Base-Positionen. Von den verbleibenden insgesamt 6 Gebotsvektoren teilen 5 die DM 100 gleich auf alle 4 Spieler auf, was von keinem der Lösungskonzepte wiedergegeben wird. Teilnehmer *j* 3 im ersten Durchgang (Tabelle 4.5) trifft mit seinen Angaben genau den Nucleolus, und der Vektor liegt damit auch im Kernel.

Jede Vorgehensweise, die Gebotsangaben so zu normieren, daß sie sich zu DM 100 addieren, erscheint willkürlich. Daher können nicht weitere Vektoren auf ihre Übereinstimmung mit den Lösungskonzepten der kooperativen Spieltheorie mit Seitenzahlungen überprüft werden.

Im folgenden sollen daher für einige Spieler die Relationen der einzelnen Gebotsangaben zueinander betrachtet werden. Es ist naheliegend, sich hierbei auf die Teilnehmer zu beschränken, die ihre Angaben für die Base-Positionen zumindest ungefähr gleich ansetzen. Dies sind in beiden Experimentdurchgängen insgesamt 44 Vektoren. Davon bewerten 11 Spieler die Apex-Position ungefähr ebenso hoch wie die Base-Position (Abweichung maximal 16 % nach oben).

Für die Koalition *N* sind diese Fälle von keinem Lösungskonzept vorgesehen. Erwarten die Spieler aber zum Beispiel minimale Gewinnkoalitionen, so kann man sich unendlich viele Kombinationen von Auszahlungsaufteilungen und Wahrscheinlichkeiten für das Auftreten der Gewinnkoalitionen vorstellen, bei denen für die Base-Spieler und den Apex gleiche Auszahlungserwartungen resultieren. Setzt man in der Koalition der Base-Spieler gleiche Auszahlungen für diese drei Teilnehmer voraus, was die Vorab-Bewertungen in diesen Fällen mit 4 gleichen Angaben nahelegen, so kann man die Auszahlung für den Apex in den 2-Personen-Koalitionen gar mit *c* ansetzen, wenn man ihre Wahrscheinlichkeit nur für gering genug hält (8,33 %). Die a priori-Auszahlungserwartungen sind dann für alle Spieler gleich. Wenn man die Koalition der Base-Spieler für genauso wahrscheinlich hält wie die Wahrscheinlichkeit für die drei anderen minimalen Gewinnkoalitionen zusammen, kommt man zu gleicher Aufteilung von c auf den Apex und den jeweiligen Base-Spieler hierin. Dieser Fall wird durch die Verhandlungsmengen, den Kernel und die equal share analysis wiedergegeben.

Wie man sieht, könnte man so durch richtige Wahl der Wahrscheinlichkeiten für die Gewinnkoalitionen jedes theoretische Lösungskonzept verifizieren.

Von den übrigen 33 Spielern, die für die Base-Positionen gleiche (echte oder hypothetische) Gebote machen, bewertet einer die Apex-Rolle niedriger als die Base-Rollen. Bei den übrigen reicht die Höherbewertung vom 1,25-fachen bis zum (pathologischen) 99-fachen. 6 mal findet man die Apex-Position ziemlich genau doppelt so hoch angesetzt wie jede Base-Position, was beim Nucleolus ebenso der Fall ist wie natürlich beim Kernel und bei der Verhandlungsmenge $M_1^{(i)}$. 2 weitere Teilnehmer treffen mit einer 3 : 1-Relation zwischen Gebot für Apex- und Base-Positionen genau das Verhältnis gemäß Shapley-Wert und Banzhaf-Index. Die noch verbleibenden Teilnehmer siedeln in der Mehrzahl die Apex-Rolle zwischen dem 1,3-fachen und dem doppelten einer Base-Position an.

Der Vergleich der theoretischen Lösungskonzepte mit den a priori-Bewertungen soll auf diese kurzen Bemerkungen beschränkt bleiben. Zwar zeigt es sich, daß die Vergleiche sehr ähnlich denen ausgehen, die mit den Verhandlungsergebnissen von Albers sowie Selten und Schuster durchgeführt wurden. Auch finden sich Übereinstimmungen mit den Gebotsvektoren einzelner Spieler. Aber da die von den Teilnehmern zugrundegelegte Wahrscheinlichkeitsverteilung über die Gewinnkoalitionen (sofern eine solche überhaupt existiert) nicht bekannt ist[5], kann, wie oben angedeutet, kaum ein verläßlicher Rückschluß auf Theorielösungen gezogen werden, die die Gedanken der Teilnehmer erfassen oder zumindest zu gleichen Ergebnissen kommen.

Aber auch die hier angeführten Vergleiche basieren auf der Annahme, daß die erwarteten Auszahlungsaufteilungen in der Verhandlung im gleichen Verhältnis wie die Gebote zueinander stehen. Sollte sich bei weiteren Experimenten herausstellen, daß die Teilnehmer sich nicht risikoneutral verhalten und/ oder ihre Mindestgewinnansprüche nicht in fester Relation zur Auszahlungserwartung stehen, können die Vergleiche Gebote – Theorielösungen so nicht mehr interpretiert werden.

---

[5] Es sei daran erinnert, daß es sich noch nicht einmal als sinnvoll erwies, nach erwarteten Gewinnkoalitionen zu fragen, geschweige denn folglich nach Wahrscheinlichkeitsverteilungen hierüber.

6. Zusammenfassung und Ausblick

Das Apex-Spiel ist ein Verhandlungsspiel, in dem sich die Teilnehmer, zum einen der sog. Apex, zum anderen die symmetrischen sog. Base-Spieler, über die Aufteilung eines Geldbetrages einigen müssen. Mehrheitsfähig hierbei sind die 2-Personen-Koalitionen, die den Apex enthalten, die Gemeinschaft aller Base-Spieler, sowie sämtliche Obermengen dieser Koalitionen.

Im zweiten Abschnitt dieser Arbeit wurden zunächst die Konzepte dargestellt, die die Theorie der kooperativen Spiele mit Seitenzahlungen als Lösung des Apex-Spiels anbietet. Eine Zusammenfassung der in der Literatur zu findenden Experimente zum Thema Apex-Spiele macht den Anfang und fast auch den gesamten dritten Abschnitt aus.

Erstes Ziel dieser Arbeit war, die Vorab-Bewertungen der Teilnehmer für die Positionen im Apex-Spiel (als Apex-Spieler und als Base-Spieler) zu erfahren. Dazu wurden diese Rollen versteigert. Die als Verkaufsform herangezogene Zweithöchstpreisauktion oder Vickrey-Auktion wird am Ende des zweiten Abschnittes definiert und das optimale Verhalten für einen Bieter in dieser ordnungspolitisch wünschenswerten Verkaufsform aufgezeigt.

Der Trennung in einen Theorie- und einen experimentellen Teil folgend, wurden zum Schluß des dritten Abschnittes verhältnismäßig eingehend die Experimente dargestellt, die sich mit dem Verhalten von Teilnehmern in Zweithöchstpreisauktionen befassen. Die Schlüsse aus diesen Versuchen haben entscheidend den Aufbau der für diese Arbeit durchgeführten Experimente mitbestimmt.

Der Aufbau, dessen Rechtfertigung und der Ablauf dieser Experimente, sowie die Ergebnisse und deren Analyse waren Thema des 4. Abschnittes.

Im 5. Abschnitt wurde dann versucht, die Lösungen der theoretischen Konzepte mit den Verhandlungsergebnissen in Zusammenhang zu bringen, die in der Literatur zu finden sind, sowie mit den Vorab-Bewertungen zu vergleichen.

Wichtigster Teil dieser Arbeit ist, obwohl er nicht am Ende steht, der 4. Abschnitt. Hier wurden insbesondere auch die Grundlagen zur leichteren und auch effizienteren Durchführung weiterer Experimente gelegt. Hier und auch im 5. Abschnitt hat es sich gezeigt, daß solche dreiphasigen Experimente noch vermehrt durchgeführt werden müssen, um dann erkennen zu können, wodurch und auf welche Weise die Vorab-Bewertung in Relation zur erwarteten Auszahlung gebildet wird. Die Gedanken, die hierzu über die zugrundegelegte

Bewertungsfunktion bzw. das Risikoverhalten der Teilnehmer und deren Anspruchniveaus vorgetragen wurden, konnten nur die Analyserichtung aufzeigen und Anstöße geben. Eine Klärung solcher Einflüsse war mit Hilfe dieses einen Experimentes noch nicht möglich. Damit ist die Richtung gegeben, in die, auf dieser Arbeit fußend, weitere Anstrengungen unternommen werden sollen.

Anhang: ADV-Programm

```
      program vertes
c
cccccccccccccccccccccccccccccccccccccccccccccccccccccccccccccccccccccccccccccccc
c    Das Programm errechnet Mittelwert und Streuungen fuer alle 8 Angaben
c    fuer alle Spielergruppen und beide Experimentdurchlaeufe. Anschliessend
c    werden fuer alle Kombinationen dieser 64 Stichproben Tests auf gleiche
c    Verteilung durchgefuehrt, indem zunaechst auf gleiche Varianz getestet
c    wird, und wenn dies der Fall ist, auf gleichen Mittelwert.
c    Solange die Dimensionsgroessen beachtet werden, fuehrt eine Aenderung
c    der Datenbasis nicht notwendig zu einer Aenderung im Programm.
c
cccccccccccccccccccccccccccccccccccccccccccccccccccccccccccccccccccccccccccccccc
      integer t,  potsp,  wert,  anzsp,
     2         t1, potsp1, wert1, anzsp1,
     3         t2, potsp2, wert2, anzsp2, a1, a2, a3
      dimension anzsp(2,4,8)
      real mw, m1, m2
      dimension mw(2,4,8), var(2,4,8), w(16),verfi(14,14),verstu(28)
      data verfi,verstu /224*0.0/
c     read(8,90)((verfi(i,j),j=1,14),i=1,14)
c     read(8,90)(verstu(i),i=1,28)
c  90 format(e16.8)
c
cccccccccccccccccccccccccccccccccccccccccccccccccccccccccccccccccccccccccccccccc
c     Explizite Typvereinbarung wurde wegen
c     der intuitiven Verstaendlichkeit der
c     Abkuerzungen gewaehlt!
c
c     Die Bedeutungen:
c     t       kennzeichnet den ersten und zweiten Experimentdurchgang
c     potsp   unterscheidet die potentiellen Spieler 1 - 4
c     wert    bezeichnet die Angaben der Spieler
c             1 - 4  Gebote
c             5 - 8  erwartete Preise
c     anzsp   gibt die Anzahl der Spieler in einer Gruppe an
c     mw      Mittelwert
c     var     Varianz (eigentlich Streuung)
c     Die mit 1 und 2 am Ende gekennzeichneten Groessen sind Hilfsgroessen
c     zur Unterscheidung bei den Vergleichen und Parameter zur Uebertragung
c     der Freiheitsgrade zu den Unterprogrammen.
c     alpha  ist das Signifikanzniveau (Irrtumswahrscheinlichkeit)
c     verfi und verstu  sind Vergleichswerte fuer die Fisher- bzw. Student-
c     Verteilung.
c     Die errechneten Werte der Verteilungsfunktionen werden am Programm-
c     ende abgespeichert, um fuer weitere Programmlaeufe verfuegbar zu sein.
c     fimin, fimax, stumin, stumax  sind Vergleichswerte bei minimal oder
c     maximal moeglicher Anzahl der Freiheitsgrade. Bei Unter- bzw. Ueber-
c     schreitung dieser Werte brauchen keine Verteilungsfunktionswerte
c     errechnet zu werden.
c
cccccccccccccccccccccccccccccccccccccccccccccccccccccccccccccccccccccccccccccccc
```

```
      read(9,100) alpha,j,fimin,fimax,stumin,stumax
  100 format(f5.2,i2,4f5.2)
      write(1,107) j
  107 format(i2, 16h -ter durchlauf!)
      do 180 t=1,2
      do 180 potsp=1,4
      do 180 wert=1,8
      mw(t,potsp,wert)=0
      read(9,110) w
  110 format(16f6.2)
      i=0
  120 i=i+1
      mw(t,potsp,wert)=mw(t,potsp,wert)+w(i)
      if(w(i)+50.00) 150,150,120
  150 mw(t,potsp,wert)=(mw(t,potsp,wert)-w(i))/(i-1)
      anzsp(t,potsp,wert)=i-1
      var(t,potsp,wert)=0
      i=0
      i1=anzsp(t,potsp,wert)
      do 160 l=1,i1
  160 var(t,potsp,wert)=var(t,potsp,wert)+(w(l)-mw(t,potsp,wert))**2
      var(t,potsp,wert)=(var(t,potsp,wert)/(anzsp(t,potsp,wert)-1))**0.5
      write(1,170)t,potsp,wert,i1,mw(t,potsp,wert),var(t,potsp,wert)
  170 format(6H serie,i2,13h pot. spieler,i2,10h geb/preis,i2,3h n=,i2,
     2        3h d=,e15.8,3h s=,e15.8)
  180 continue
c
ccccccccccccccccccccccccccccccccccccccccccccccccccccccccccccccccccccccccccccc
c     Mittelwert- und Varianzberechnung ist hier
c     fuer alle Gruppen abgeschlossen!
c
ccccccccccccccccccccccccccccccccccccccccccccccccccccccccccccccccccccccccccccc
      do 400 t1=1,2
      do 400 potsp1=1,4
      do 400 wert1=1,8
      do 400 k2=t1,2
      t2=k2
  200 if(t2-t1) 210,230,260
  210 write(1,220) t2,t1
  220 format(4h t2=,i2,4h t1=,i2 18h fehler bei matvgl)
      goto 410
  230 potsp2=potsp1
      if(wert1.ne.8)    goto 240
      if(potsp1.ne.4)   goto 250
      if(t2.eq.2)       goto 410
      t2=2
      potsp2=0
      goto 270
  240 wert2=wert1
      goto 280
  250 potsp2=potsp1+1
      wert2=0
      goto 280
  260 potsp2=0
  270 potsp2=potsp2+1
      wert2=0
  280 k=wert2+1
      do 390 wert2=k,8
```

```
c
cccccccccccccccccccccccccccccccccccccccccccccccccccccccccccccccccccccccccccccc
c     Der Aufwand zwischen Label 200 und Label 280
c     stellt sicher, dass keine doppelten Vergleiche
c     in den Tests auf gleiche Varianz und gleichen
c     Mittelwert durchgefuehrt werden.
c     Die eigentlichen Vergleiche beginnen erst hier!
c
cccccccccccccccccccccccccccccccccccccccccccccccccccccccccccccccccccccccccccccc
      v0=(var(t1,potsp1,wert1)/var(t2,potsp2,wert2))**2
      if(v0-1) 290,320,285
  285 v=v0
      a1=anzsp(t1,potsp1,wert1)-1
      a2=anzsp(t2,potsp2,wert2)-1
      if(v.le.fimin) goto 320
      if(v.ge.fimax) goto 390
      goto 300
  290 v=1/v0
      if(v.le.fimin) goto 320
      if(v.ge.fimax) goto 390
      a1=anzsp(t2,potsp2,wert2)-1
      a2=anzsp(t1,potsp1,wert1)-1
  300 if(verfi(a1,a2)-0.5) 305,305,310
  305 verfi(a1,a2)=fisher(a1,a2,alpha)
  310 if(v-verfi(a1,a2))320,320,390
  320 if(mw(t1,potsp1,wert1)-mw(t2,potsp2,wert2)) 330,360,340
  330 m1=mw(t2,potsp2,wert2)
      m2=mw(t1,potsp1,wert1)
      a1=anzsp(t2,potsp2,wert2)
      a2=anzsp(t1,potsp1,wert1)
      va1=var(t2,potsp2,wert2)
      va2=var(t1,potsp1,wert1)
      goto 345
  340 m1=mw(t1,potsp1,wert1)
      m2=mw(t2,potsp2,wert2)
      a1=anzsp(t1,anzsp1,wert1)
      a2=anzsp(t2,potsp2,wert2)
      va1=var(t1,potsp1,wert1)
      va2=var(t2,potsp2,wert2)
  345 c=((a1*a2*(a1+a2-2)/(a1+a2)/((a1-1)*va1**2+(a2-1)*va2**2))
     2  **0.5)*(m1-m2)
      if(c.le.stumin) goto 360
      if(c.ge.stumax) goto 390
      a3=a1+a2-1
      if(verstu(a3)-0.5) 347,347,350
  347 verstu(a3)=stud(a3,alpha)
  350 if(c-verstu(a3))360,360,390
  360 write(1,365) t1,potsp1,wert1,t2,potsp2,wert2
  365 format(39h gleiche verteilung bei t, potsp, wert: ,3i2,
     2        4h und,3i2)
  390 continue
      write(1,395)
  395 format(8h wechsel)
      if(potsp2.ne.4) goto 270
  400 continue
      write(8,405)((verfi(i,j),j=1,14),i=1,14)
      write(8,405)(verstu(i),i=1,28)
  405 format(e16.8)
  410 write(1,420)
  420 format(12h geschafft!!)
      end
c
```

```
c
c
cccccccccccccccccccccccccccccccccccccccccccccccccccccccccccccccccccccccccc
c     Die beiden folgenden Function-Unterprogramme
c     berechnen die Vergleichswerte der Fisherschen
c     z-Verteilung, die bei den Tests auf gleiche
c     Varianz benoetigt werden.
c
cccccccccccccccccccccccccccccccccccccccccccccccccccccccccccccccccccccccccc
      function fisher(kr1,kr2,al)
      xa=-0.0025
      sw=+0.0025
      u1=0
      fr1=kr1
      fr2=kr2
      f12=fr1/2
      f22=fr2/2
      f34=f12+f22
      u0=(1-al)*gamma(f12)*gamma(f22)/fr1**f12/fr2**f22/gamma(f34)
  500 u11=u1
      u1=u1+finteg(xa,sw,fr1,fr2)
      xa=xa+4*sw
      if(u1.lt.u0) goto 500
      if((u0-u11)-(u11-u1)) 505,506,507
  505 xa=xa-2*sw
  506 xa=xa-2*sw
  507 fisher=xa+sw
      return
      end
      function finteg(x,s,f1,f2)
      dimension a(5)
      do 510 k=1,5
      x1=x+k*s
  510 a(k)=x1**((f1-2)/2)/((f1*x1+f2)**((f1+f2)/2))
      finteg=4*s*(7*(a(1)+a(5))+32*(a(2)+a(4))+12*a(3))/90
      return
      end
c
cccccccccccccccccccccccccccccccccccccccccccccccccccccccccccccccccccccccccc
c     Die beiden folgenden Function-Unterprogramme
c     berechnen die Vergleichswerte der Student-
c     -t-Verteilung, die bei den Tests auf gleichen
c     Mittelwert benoetigt werden.
c
cccccccccccccccccccccccccccccccccccccccccccccccccccccccccccccccccccccccccc
      function stud(kr,al)
      fr=kr
      fr1=(fr+1)/2
      fr2=fr/2
      xa=-0.0025
      sw=+0.0025
      u1=0
      pi=3.1415927
      u0=(1-al)*sqrt(fr*pi)*gamma(fr2)/gamma(fr1)
      xa2=-0.025
      sw2=+0.025
  600 u11=u1
      u1=u1+sinteg(xa2,sw2,fr)
      xa2=xa2+4*sw2
      if(u1-u11.ge.0.1e-5) goto 600
```

```
  610 u11=u1
      u1=u1+sinteg(xa,sw,fr)
      xa=xa+4*sw
      if(u1.lt.u0) goto 610
      if((u0-u11)-(u1-u0)) 615,616,617
  615 xa=xa-2*sw
  616 xa=xa-2*sw
  617 stud=xa+sw
      return
      end
      function sinteg(x,s,f)
      dimension a(5)
      do 620 k=1,5
      x1=x+k*s
  620 a(k)=1/((1+x1**2/f)**((f+1)/2))
      sinteg=4*s*(7*(a(1)+a(5))+32*(a(2)+a(4))+12*a(3))/90
      return
      end
c
cccccccccccccccccccccccccccccccccccccccccccccccccccccccccccccccccccccccccccc
c     Das folgende Function-Unterprogramm berechnet
c     die fuer die z- und t-Verteilung benoetigten
c     Werte der Gamma-Funktion. Als Argumente duerfen
c     nur Zahlen f auftreten, fuer die gilt
c     4*f=0 mod(2)
c
cccccccccccccccccccccccccccccccccccccccccccccccccccccccccccccccccccccccccccc
      function gamma(fg)
      kg=2*fg
      h=1
      pi=3.1415927
      if(mod(kg,2).ne.0) goto 710
      l=fg-1
      do 700 m=1,l
  700 h=h*m
      goto 730
  710 l=fg*2-2
      do 720 m=1,l,2
  720 h=h*m*0.5
      h=h*pi**0.5
  730 gamma=h
      return
      end
c
cccccccccccccccccccccccccccccccccccccccccccccccccccccccccccccccccccccccccccc
c
c     ende
c
c
cccccccccccccccccccccccccccccccccccccccccccccccccccccccccccccccccccccccccccc
```

Literaturverzeichnis

Albers, W.: Bloc Forming Tendencies as Characteristics of Bargaining Behaviour in Different Versions of Apex Games, in: Contributions to Experimental Economics, Vol. 8: Coalition Forming Behavior, H. Sauermann (ed.), Tübingen 1978, pp. 172-203.

Aumann, R. J. / *Maschler*, M.: An Equilibrium Theory for N-Person Cooperative Games, Am. Math. Soc. Notices, Vol. 8, 1961, p. 261.

– The Bargaining Set for Cooperative Games, in: Advances in Game Theory, Annals of Mathematic Studies, No. 52, eds.: M. Dresher / L. L. Shapley / A. W. Tucker, Princeton 1964, p. 443.

Banzhaf, J.: Weighted Voting Doesn't Work: A Mathematical Analysis, Rutgers Law Review, Vol. 19, 1965, pp. 317-343.

Belovicz, M.: The Sealed Bid Auction: Experimental Studies, Ph. D. Thesis, Purdue University, 1967.

Chertkoff, J. M.: Coalition Formation as a Function of Differences in Resources, in: Journal of Conflict Resolution, 15, 1971, pp. 371-383.

Davis, M. / *Maschler*, M.: The Kernel of a Cooperative Game, Naval Research Logistics Quarterly XII, Sept.-Dec. 1965, pp. 223-259.

– Existence of Stable Payoff Configurations, in: Shubik (ed.): Essays in Mathematical Economics in Honor of Oskar Morgenstern, Princeton University Press, Princeton, New Jersey 1967, pp. 39-52.

Dubey, P.: On the Uniqueness of the Shapley-Value, in: Int. Journal of Game Theory, Vol. 4, Wien 1975, pp. 131-139.

Fisz, M.: Wahrscheinlichkeitsrechnung und Mathematische Statistik, Berlin (DDR), 1971.

Funk, S. G.: Value Power and Positional Power in N-Person-Games, Unpublished Master's Thesis, University of North Carolina at Chapel Hill.

Gillies, D. B.: Solutions to General Non-Zero-Sum Games, in: Contributions to the Theory of Games IV, R. D. Luce and A. W. Tucker (eds.), Annals of Mathematic Studies, No. 40, pp. 47-85, Princeton 1954.

Güth, W.: Kriterien für die Konstruktion fairer Aufteilungsspiele, in: Entscheidungen in kleinen Gruppen, Hrsg.: W. Albers / G. Bamberg / R. Selten, Mathematical Systems in Economics, Bd. 45, Königsstein/Ts. 1979.

Güth, W. / *Schmittberger*, R. / *Schwarze*, B.: Vickrey-Auction Games – A Theoretical and Experimental Analysis of the Bidding Behavior, Discussion Paper des Seminars für Wirtschaftliche Staatswissenschaften der Universität zu Köln, revised version 1981, in: Zeitschrift für die Gesamte Staatswissenschaft, Juni 1983.

Horowitz, A. D.: The Competitive Bargaining Set for Cooperative N-Person-Games, in: Journal of Mathematical Psychology, 10, 1973, pp. 265-286.

Horowitz, A. D. / *Rapoport*, Am.: Test of the Kernel and Two Bargaining Set Models in Four- and Five-Person-Games, in: Rapoport, An. (ed.): Game Theory as a Theory of Conflict Resolution, Dordrecht-Holland/Boston 1974, pp. 161-192.

Kahan, J. P. / *Rapoport*, Am.: Test of the Bargaining Set and Kernel Models in Three-Person-Games, in: Rapoport, An. (ed.): Game Theory as a Theory of Conflict Resolution, Dordrecht-Holland/Boston 1974, pp. 119-160.

Kalish, G. K. / *Milnor*, J. W. / *Nash*, J. F. / *Nering*, E. D.: Some Experimental N-Person-Games, in: Decision Processes, Thrall / Coomb / Davis (eds.), New York/London 1954, pp. 301-327.

Kohlberg, E.: On the Nucleolus of a Characteristic Function Game, SIAM-Journal of Applied Mathematics, Vol. 20, No. 1, 1971, pp. 62-66.

Komorita, S. S.: A Weighted Probability Model of Coalition Formation, in: Psychological Review, 81, 1974, pp. 242-256.

Krelle, W.: Preistheorie, Tübingen 1976.

Kreyszig, E.: Statistische Methoden und ihre Anwendungen, Göttingen 1973.

Lucas, W. F.: Measuring Power in Weighted Voting Systems, in: Case Studies in Applied Mathematics; Mathematical Association of America, 1976, pp. 42-106.

Mann, I. / *Shapley*, L. S.: Die a priori-Abstimmungsstärke im Wahlmännerkollegium, in: Spieltheorie und Sozialwissenschaften, Hamburg 1965, S. 158-169. – Englisches Original: Values of Large Games IV: Evaluating the Electoral College by Montecarlo Techniques, RAND RM 2651, Sept. 1960 und RM 3158, Mai 1962.

Maschler, M. / *Peleg*, B. / *Shapley*, L. S.: The Kernel and the Nucleolus of a Cooperative Game as Locuses in the Strong ϵ-Core, RPGTME RM 60, Department of Mathematics, Hebrew University of Jerusalem, 1970, pp. 119-160.

von *Neumann*, John / *Morgenstern*, Oskar: Theory of Games and Economic Behavior, Princeton 1947.

Owen, G.: Game Theory, Philadelphia 1968.

– Spieltheorie, Berlin/Heidelberg/New York 1971.

Peleg, B.: Existence Theorem for the Bargaining Set $M_1^{(i)}$, in: Essays in Mathematical Economics in Honor of Oskar Morgenstern, M. Shubik (ed.), Princeton 1967, pp. 53-56.

– On Weights of Constant-Sum Majority Games, SIAM Journal of Applied Mathematics, Vol. 16 (1968), pp. 527-532.

Rapoport, Am. / *Kahan*, J. / *Wallsten*, F.: Sources of Power in Four-Person Apex Games, in: Contributions to Experimental Economics 8: Coalition Forming Behavior, H. Sauermann (ed.), Tübingen 1978, pp. 75-106.

Rapoport, An.: N-Person Game Theory – Concepts and Applications, Ann Arbor, Michigan 1970.

– (ed.): Game Theory as a Theory of Conflict Resolution, Dordrecht-Holland/Boston 1974.

– Mathematische Methoden in den Sozialwissenschaften, Würzburg/Wien 1980.

Schmeidler, D.: The Nucleolus of a Characteristic Function Game, SIAM Journal of Applied Mathematics, 17, 6, 1969, pp. 1163-1170.

Selten, R.: Equal Share Analysis, in: Contributions to Experimental Economics, Vol. III, H. Sauermann (ed.), Tübingen 1972, pp. 130-165.

Selten, R. / *Schuster*, K.: Psychological Variables and Coalition-Forming Behavior, in: Borch, K. / Mossin, J. (eds.): Risk and Uncertainty, London 1968, pp. 221-240.

– Psychologische Faktoren bei Koalitionsverhandlungen, in: Contributions to Experimental Economics, Sauermann, H. (ed.), Vol. 2, Tübingen 1970, S. 99-135.

Shapley, L. S.: A Value for N-Person Games, in: Contributions to the Theory of Games, Vol. II, Kuhn, H. W. / Tucker, A. W. (eds.), Annals of Mathematic Studies 28, Princeton 1953, pp. 307-317.

– Quota Solutions of N-Person Games, in: Kuhn, H. W. / Tucker, A. W. (eds.): Contributions to the Theory of Games, Vol. II, Annals of Mathematic Studies 28, Princeton University Press, Princeton, New Jersey 1953, pp. 343-359.

Smith, V. L.: Experimental Studies of Discrimination versus Competition in Sealed-Bid Auction Markets, in: Journal of Business, Vol. 40, No. 1, 1967, pp. 56-84.

– Bidding and Auctioning Institutions: Experimental Results, in: Bidding and Auctioning for Procurement and Allocation, Yakov Amihud (ed.), New York 1976, pp. 43-64.

Vickrey, W.: Counterspeculation, Auctions and Competitive Sealed Tenders, in: Journal of Finance, Vol. 16, 1961, pp. 8-37.

Zurmühl, R.: Praktische Mathematik für Ingenieure und Physiker, Berlin/Heidelberg/New York 1965.

FSC
www.fsc.org
MIX
Papier | Fördert gute Waldnutzung
FSC® C083411

Kolibri 360 GmbH
Ferdinand-Jühlke-Straße 7
99095 Erfurt, Deutschland
produktsicherheit@kolibri360.de

Druck:
CPI Druckdienstleistungen GmbH
im Auftrag der
Kolibri 360 GmbH
Ferdinand-Jühlke-Str. 7
99095 Erfurt